21 世纪高等学校教材

Visual Basic 程序设计
上机实验与习题解答

主 编 冷金麟

副主编 于红光 周治钰

上海交通大学出版社

内 容 提 要

本书是与《Visual Basic 程序设计教程》配套的上机实验指导教材。全书分 4 章：第 1 章为上机指导；第 2 章为实验；第 3 章为习题；第 4 章为习题解答。

本书内容丰富，综合性强，同时对各章节的知识点加以总结，有利于学生知识的掌握和实践能力的提高。上机指导部分有助于学习者掌握上机预备知识，了解系统帮助的应用、应用程序的调试和错误处理以及应用程序安装盘的制作。实验部分针对各章节内容，重点归纳，综合案例实验实现过程分析，由浅入深、循序渐进地讲解了 Visual Basic 的基本应用程序的编写方法。习题的内容按简答题、选择题、填空题和程序设计题进行分类，提供了一些典型习题，帮助学生掌握所学的知识点，培养学生设计、编写 Visual Basic 程序的能力。习题解答部分包含习题、尤其是编程题的详解，方便学习者练习后对照检查。对于参加各种计算机考试的读者来说，该部分是具有实用性、针对性的辅导材料。

本书虽作为与《Visual Basic 程序设计教程》配套的上机实验指导教材，但其内容相对独立，可以与其他类似教材配套使用。

本套教材另外配有多媒体课件(PPT 格式)、所有案例的源程序与自动考试系统(适用于局域网，实现了理论知识和实际操作技能的全部自动化考核)。联系邮箱为：baiwen_sjtu@126.com

图书在版编目（Ｃ Ｉ Ｐ）数据

Visual Basic 程序设计上机实验与习题解答 ∕ 冷金麟主编. —上海：上海交通大学出版社，2006（2007 重排）
ISBN 978 - 7 - 313 - 04618 - 5

Ⅰ.V... Ⅱ.冷... Ⅲ.BASICA 语言 – 程序设计 – 自学参考资料 Ⅳ.TP312

中国版本图书馆CIP数据核字（2006）第133856号

Visual Basic 程序设计
上机实验与习题解答
冷金麟 主编
上海交通大学出版社出版发行
（上海市番禺路 877 号 邮政编码 200030 ）
电话：64071208 出版人：韩建民
常熟市文化印刷有限公司印刷 全国新华书店经销
开本：787mm × 1092mm 1/16 印张：12.75 字数：307 千字
2006 年 11 月第 1 版 2007 年 1 月第 2 次印刷
ISBN978 - 7 - 313 - 04618 - 5/TP·665 定价：19.00 元

21 世纪高等学校教材

编审委员会

前　言

　　Visual Basic(简称 VB)程序设计语言是目前最适合初级编程者学习使用的计算机高级语言之一。VB 程序设计语言为用户提供了可视化的面向对象与事件驱动的程序设计集成环境，使得程序设计变得快捷、方便，简单易学，功能强大，应用广泛。近年来很多高校将 VB 作为学生学习程序设计的入门语言。

　　本书是与《Visual Basic 程序设计教程》配套的教学用书，从巩固学生的理论知识和提高学生的上机操作能力入手，按配套教程的章节和难易程度循序渐进地编写。全书分为 4 章：第 1 章为上机指导，讲述如何利用 VB 系统提供的在线帮助功能，认识 VB 系统，掌握系统功能的应用，同时还讲述在程序开发过程中重要的程序调试方法和技巧以及如何在 VB 系统的集成环境中制作、发布应用程序。第 2 章为实验，根据课程要求掌握的知识点提出实验的目的和要求，每个实验的实例都是精心编排、设计的，并给出详细的解题分析和操作步骤，以培养学生分析问题和解决问题的能力。第 3 章为习题，按配套教程的章节选编内容，力图通过习题的练习，使学生重温教材所讲述的理论与方法，加强学生对程序设计方法及算法分析技能的训练，培养学生创造性思考问题的能力。第 4 章为习题解答，对程序设计类习题的求解方法和步骤做出详细的讲解，以方便学生练习后对照检查。

　　本书的第 1 章由冷金麟编写，参加第 2、3、4 章编写的人员分别是李明(实验 1、习题 1及解答)、张桂容(实验 2、习题 2 及解答)、宣善立(实验 3、实验 6、习题 3 及解答、习题 6及解答)、冷金麟(实验 4、实验 8、习题 4 及解答、习题 8 及解答)、于红光(实验 5、实验 7、习题 5 及解答、习题 7 及解答)、周治钰(实验 9、习题 9 及解答)、王杰和张继生(实验 10、习题 10 及解答)。全书由冷金麟任主编并完成统编定稿，于红光、周治钰任副主编。

　　由于时间仓促，加之水平有限，书中难免有疏漏和不足之处，恳请广大读者和专家指正。

编　者

2006 年 9 月

目　录

第 1 章　上机指导

Visual Basic(以下简称 VB)是 Microsoft 公司推出的可视化编程工具 Visual Studio 的众组件之一，是目前世界上使用最广泛的程序开发工具。VB 应用程序的开发以对象为基础，运用事件触发机制实现对 Windows 操作系统的事件响应。在 VB 提供的可视化的开发环境中，用户可以像搭积木一样构建出程序的界面，且 VB 还提供了丰富的控件，来帮助用户实现程序的功能。对于没有学习过任何一种计算机程序设计语言的人而言，VB 的语法是最容易被初学者所接收的。

1.1　使用联机帮助系统

VB 为用户提供了功能强大的联机帮助系统，以便用户更好地熟悉 VB 的编程环境、方法及开发界面的使用方法，掌握 VB 语言的基本语法，掌握 VB 各种控件的使用方法，并能将它们灵活运用到应用程序中，开发出具有一定功能的 VB 程序。VB 联机帮助系统详细说明了如何建立一个 VB 程序，如何编辑、编译、调试、运行、发布应用程序等。学会使用该系统，用户可以方便地解决在 VB 使用过程中遇到的大量问题。

从 Visual Studio 6.0 开始，所有的帮助文件都采用 MSDN(Microsoft Software Developer Network)文档的帮助方式。在 VB6.0 安装完成时，系统会提示用户安装 MSDN Library。MSDN Library 包含了超过 1GB 的编程技术信息，包括示例代码、文档、技术文章、Microsoft 开发人员知识库以及在使用该公司的技术来开发或解决方案时所需要的其他资料，内容非常详细全面。最新版的 MSDN 可以从 http://www.microsoft.com/china/msdn 上免费获取。此外，用户也可以使用 VB 的联机链接方式访问 Internet 上的相关网站获取更多信息。

1.1.1　获取全面的帮助——MSDN Library 查阅器

在 VB 操作过程中，用户若想查看关于 VB 的全面帮助信息，需通过 MSDN Library 查阅器打开 MSDN 帮助文档。启动 MSDN Library 查阅器有 3 种方法：

(1) 在 Windows 操作系统下的"开始"菜单的"程序"子菜单中，选择"Microsoft Developer Network"子菜单，单击"MSDN Library Visual Studio 6.0(CHS)"。

(2) 在 VB6.0 工作环境中，选择"帮助"菜单的"内容"、"索引"、"搜索"命令之一。

(3) 在 VB6.0 代码窗口设计时，直接按 F1 键。

打开后的 MSDN Library 查阅器的窗口如图 1-1 所示。

MSDN Library 查阅器窗口分为左、右两个显示区域，左边区域有 4 个选项卡，分别为"目录"、"索引"、"搜索"和"书签"。通过这 4 个选项卡可以用不同的方式定位和显示帮助文档。右边区域用于显示相应选项卡的内容。

(1) "目录"选项卡。单击图 1-1 中的"目录"选项卡可以目录树结构浏览各个标题。该目录包含了 MSDN Library 查阅器中所有可用信息的列表。单击工具栏上的"定位"按钮，目录将会与用户所浏览的主题保持同步。单击树结构中的"+"或"−"图标可分别打开和关闭其中的帮助主题。

(2)"索引"选项卡。通过输入一个与所需信息有关的关键字或滚动翻阅整个列表可查找关键字。单击选中关键字后再单击"显示"按钮，或在列表中直接双击要查看的项目的关键字，窗口右侧将显示出相关的信息。

(3)"搜索"选项卡。通过"搜索"选项卡可查找包含在某个主题中的所有词或短语，用户可在输入栏中输入所要查找的词或短语，也可输入通配符表达式、布尔操作符、前一次搜索结果的列表、相似字匹配、主题的标题等来优化搜索。

(4)"书签"选项卡。在"书签"选项卡中，可以为需经常访问的信息创建书签列表，也可以通过已存在的书签直接访问相关信息。

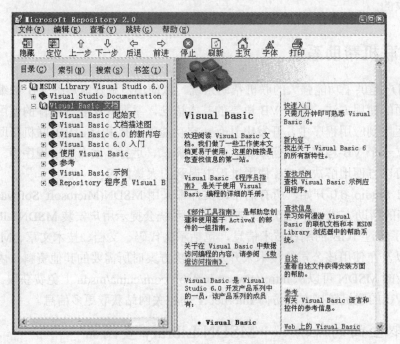

图 1-1　MSDN Library 查阅器窗口

当用户在进行 VB 操作过程中需要获得窗口、控件、对象、属性、关键词或错误信息的帮助时，可选定要帮助的内容，然后直接按 F1 功能键，VB 系统便会根据用户所正在做的操作进行分析，打开 MSDN Library 查阅器直接定位显示相关的帮助信息。

1.1.2　获取最新的帮助——Web 上的 Microsoft

除了使用 MSDN Library 查阅器帮助方式外，用户还可以从 Internet 上获得 VB 的更多信息。在 VB6.0 中，用户可以在"帮助"菜单中选择"Web 上的 Microsoft"菜单，从弹出的子菜单中选择合适的选项(如图 1-2 所示)，进入 Mirosoft 公司的主页，从网上查看或下载最新的帮助信息。

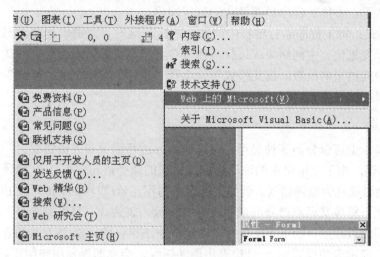

图 1-2 获得网上信息

1.1.3 获取深入的帮助——样例应用程序

为了帮助用户深入地学习和掌握 VB 中某些对象的使用，MSDN Library 提供了上百个 VB 的实例工程，缺省安装在 "…\Program Files\Microsoft Visual Studio\MSDN98\98VS\2052\Samples\VB98\" 子目录中。用户可在 VB 窗口中通过 "文件" 菜单里的 "打开工程" 命令，打开所需工程，观察其运行过程，分析事件代码，学习编程方法及技巧。

1.2 应用程序调试及错误处理

与面向过程的结构程序设计相比，VB 提供的面向对象的可视化开发环境，提高了程序设计开发的效率和质量。但是，无论程序员的编程技术多么高超，由于程序设计必须是由程序员手工操作来完成，免不了会出现这样或那样的失误，因此，程序中也必然会出现这样或那样的错误。应用程序调试的目的就是为了尽量减少程序中存在的错误，以提高程序设计的质量。

1.2.1 应用程序调试

为了方便用户快速、准确地查找和修改错误，VB 系统提供一组交互式、有效的调试工具和手段。应用程序的调试就是在程序设计过程中不断地发现并改正错误。这是每一个程序员都必须熟练掌握的。

1. VB 的工作模式

VB 是一个集编辑、编译与运行于一体的集成开发系统。在程序设计过程中其工作状态可分为 3 种模式：设计模式、运行模式和中断模式。为了调试程序，用户必须知道系统当前所处的工作模式及其能实施的相关操作。

(1) 设计模式：用于用户基本界面的设计、相关控件的属性设置和程序代码编制。

(2) 运行模式：用于在编辑代码过程中编译执行应用程序，以观察运行效果或进行代码调试。在该模式下，不能对程序界面及代码进行编辑。

(3) 中断模式：用于程序运行过程中的暂时中断，这时可以编辑程序代码，并可在"立即"窗口中显示变量值、中间结果或运行其他命令，但不可编辑界面。该模式主要用作程序代码的调试和中间结果的检查。在此模式下，选择"运行"菜单下的"继续"选项可以继续运行程序，选择"结束"选项可以中止程序的运行。

2．程序错误

程序错误基本上可以分为 3 种类型：编译错误、运行错误和逻辑错误。

(1) 编译错误。由于使用错误的语法结构或错误的命令语句使得 VB 编译器无法对代码进行编译，这类错误称为编译错误。例如关键字拼写不正确(如将 ElseIf 写成 Else If)，遗漏标点符号、关键字，将英文标点符号写成中文标点符号，表达式书写不完善等。语法错误通常发生在键入代码的过程中。由于 VB 具有自动检测语法错误的功能(该功能可在"选项"对话框的"编辑器"选项卡中设置)，一旦检查出语法错误，会立即提示用户纠正。例如在图 1-3 中键入代码时误将"ElseIf"写成"Else If"，当光标离开该行时，系统立刻弹出编译错误提示对话框，显示该处代码有错误。此时单击"确定"按钮后，可对该处的错误代码进行纠正。

如果程序中存在不属于语法错误的错误代码，在键入代码时不会被语法检测发现，但在随后的程序运行时，系统在将程序编译成可执行文件时会提示错误。例如在图 1-4 中，在系统要求变量声明的情况下使用未定义变量，程序运行时 VB 将停止编译，并回到有错误的代码窗口，弹出错误提示对话框。此时，单击"确定"按钮后，可在"中断"模式下对代码窗口中的错误代码进行修改。

图 1-3　编译错误事例 1

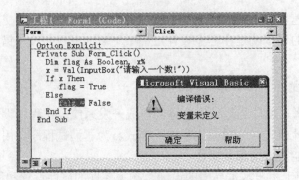

图 1-4　编译错误事例 2

(2) 运行错误。如果所键入代码的语法结构及程序的编译过程都正确无误，但在随后的运行过程中却发生错误，这通常是由程序在运行过程中执行了非法操作，或因某些操作失败而引起的。此类错误称为运行错误。例如，赋值语句的数据类型不匹配、试图打开一个不存在的文件、数组下标越界、磁盘存储空间不足等。在代码 1-1 中，属性 FontSize 的类型为整型，当对其赋值的类型为字符型时，系统运行将会显示如图 1-5 所示的出错信息。单击"调试"按钮，进入"中断"模式，光标停留在引起出错的语句上。此时可修改错误代码。

代码 1-1

```
Option Explicit
Private Sub Form_Load()
    Me.ForeColor = vbRed
    Me.BackColor = vbWhite
    Me.Caption = "测试窗体"
    Me.FontName = "隶书"
    Me.FontSize = "三号"
    Print "程序测试"
End Sub
```

图 1-5　运行错误提示对话框

(3) 逻辑错误。程序从设计到编译运行，整个过程没有出现任何错误的提示，但运行后却得不到预期的结果，这类错误称为逻辑错误。例如运算符使用不当，语句的次序不正确，循环语句的条件值或初值、终值、步长设置不正确等等。由于这类错误不会导致错误信息的提示，因此错误较难排除，需要程序员仔细地阅读分析程序，并借助相应的调试工具才能查出原因，进行纠正。

例如图 1-6 是一个常见身份验证界面，运行时要求输入的用户名不能为纯数字，口令不能为空。根据程序要求，在两个文本框的 LostFocus 事件中分别编写了程序代码，见代码 1-2。

代码 1-2

```
Option Explicit
Private Sub Text1_LostFocus()
    If IsNumeric(Text1) Then
        MsgBox "用户名不能用纯数字!!"
        Text1.SetFocus    '将操作焦点设置到text1上
    End If
End Sub
Private Sub Text2_LostFocus()
    If Len(Text2) = 0 Then
        MsgBox "请输入口令!"
        Text2.SetFocus    '将操作焦点设置到Text2上
    End If
End Sub
```

图 1-6　身份验证

这两段程序代码既没有编译错误，也未发生运行错误，但程序运行后可能会出现了死循环，具体过程是：当在用户名文本框中输入纯数字(如 12345)并按 Tab 键，将焦点移向口令文本框后，将触发用户名文本框 Text1 控件的 LostFocus 事件，由于输入的是纯数字，系统将在屏幕上弹出信息对话框，显示提示信息"用户名不能用纯数字!!"，并且通过指令 Text1.SetFocus 将操作焦点再设置到 Text1 上。当通过此指令将焦点由口令文本框 Text2 移到 Text1 上后，又将触发 Text2 控件的 LostFocus 事件，由于此时尚未在 Text2 中输入任何内容，因此，Len(Text2)=0 条件成立，系统又将在屏幕上显示出"请输入口令!"提示信息，并执行指令 Text2.SetFocus，将操作焦点由 Text1 再移到 Text2 上。当焦点从 Text1 移到 Text2 上后又再次触发 Text1 控件的 LostFocus 事件。此时，Text1 中存放的仍是一开始输入的纯数字 12345，因此，系统又会执行指令 Text1.SetFocus，将操作焦点从 Text2 移回到 Text1 上，此指令的执行又将触发 Text2 控件的 LostFocus 事件……。由此，系统程序运行进入了死循环状态。这种程序错误即为在逻辑上次序混乱的错误。

3．VB 的调试工具

程序的调试就是定位和修改那些使程序不能正确运行的错误。VB 提供了功能强大的调试工具，能够帮助分析程序运行过程，分析变量和属性值的变化，可以便捷有效地查找错误产生的位置和原因。

(1) 程序调试工具栏。VB 提供了一个专用的程序调试工具栏，在集成开发环境中，该工具栏默认不可见，可选择"视图/菜单/工具栏/调试"命令，或在任何工具栏上单击鼠标右键，在弹出式菜单中选择"调试"命令都可以打开调试工具栏(如图 1-7 所示)。利用该工具栏提供的按钮运行要测试的程序、中断程序的运行、在程序中设置断点、监视变量、单步调试和过程跟踪等以查找并排除代码中存在的逻辑错误。

(2) 调试菜单。除了通过打开调试工具栏可以进行调试以外，VB 还提供了"调试"菜单(如图 1-8 所示)和"运行"菜单。在菜单中也包含启动、中断、结束等功能命令。

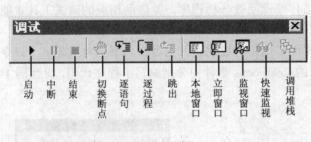

图 1-7　调试工具栏

图 1-8　"调试"菜单

4．调试程序

(1) 中断模式的进入和退出。使用调试工具调试程序通常在中断模式下进行，在中断状态下，用户可查看各变量及属性的当前值，观察界面状况，从而了解程序执行是否正常。并且可以修改程序代码、修改变量及属性值等。

在程序调试时，使系统进入中断模式的方法有以下几种：

① 程序运行时发生错误，被系统检测到而中断。

② 程序运行中，按组合键"Ctrl+Break"，也可单击调试工具栏中"中断"按钮，或选择"运行/中断"菜单项，就会产生中断。

③ 在程序代码中设置断点，当程序运行到断点处就会产生中断。

④ 采用逐语句或逐过程运行，每执行完一行语句或一个过程后就会产生中断。

⑤ 在程序代码中使用 Stop 语句，当执行到 Stop 语句时，也会产生中断。

在中断模式下，最便捷的查看程序中变量或属性的方法是将鼠标指针停留在要查看的变量上，系统就会在随后弹出的一个小方框中显示出指针所指的变量或属性的当前值。

当在中断模式下调整完毕后，退出中断模式的方法有：

① 如果要退出并继续运行程序，则可选择"运行/继续"菜单项，或单击调试工具栏中"继续"按钮。

② 如要结束运行，则可选择"运行/结束"菜单项，或单击调试工具栏中"结束"按钮。

(2) 控制程序的运行。在调试过程中，利用 VB 提供的调试工具可以方便地控制程序的运行。

① 启动。通过选择"运行/启动"菜单项，或单击调试工具栏中"启动"按钮便可启动程序运行。通常程序从头开始运行，如果设置了断点，程序就将运行到断点处停止，否则就运行到程序结束。如果在"工程属性"对话框中设置了"启动对象"，则工程从"启动对象"开始运行。

② 逐语句运行。逐语句运行即单步运行，每次只执行一条语句，之后运行中断，因此可逐个语句地检查每条语句的执行状况。当程序执行到过程调用语句时，逐语句将进入到被调过程的开始语句继续逐条运行。

按 F8 快捷键或单击调试工具栏中"逐语句"按钮，或选择"调试/逐语句"菜单项都可以单步运行。在代码编辑器窗口中，执行的语句前面有箭头和彩色背景，如图 1-9 所示。

③ 逐过程运行。当程序运行到调用过程时，逐过程运行可将整个被调用过程作为整体来执行。在程序调试过程中，当确认某些过程不存在错误时，使用逐过程运行可以不必对该过程进行逐语句运行，使运行更高效。

单击调试工具栏中的"逐过程"按钮，或按 Shift+F8 键，或选择"调试/逐过程"菜单项均可实现逐过程运行。如图 1-10 所示的程序运行过程，在程序运行"Swap1 a, b"语句时，使用逐过程运行，程序可以直接运行下一行输出语句，而不需进入 Swap1 子过程。

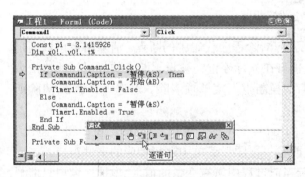

图 1-9 逐语句运行

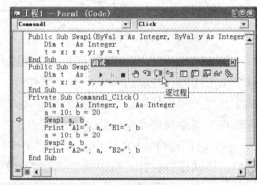

图 1-10 逐过程运行

④ 从过程中跳出。当程序运行进入被调用子过程后，若希望跳出该过程，返回到调用程序中的下一句语句时，可单击调试工具栏中"跳出"按钮或选择"调试/跳出"菜单项，从子过程中跳出。

⑤ 运行到光标处。选择"调试/运行到光标处"菜单项，可以让程序直接运行到光标所在位置停止以观察程序运行状况，而不需要通过逐语句执行每一行。实施的方法为：先将光标移到代码窗口中问题可能发生的代码行，然后选择"调试/运行到光标处"菜单项或按 Ctrl+F8 组合键，就可实现运行到光标处。

⑥ 设置下一条要执行的语句。在程序调试过程中，若希望程序运行只执行想要执行的代

码行，跳过那些不想执行的代码行，可通过设置下一条要执行的语句实现，具体实施方法是在中断模式下，先单击想执行的代码行，再选择"调试/设置下一条要执行的语句"菜单项或按 Ctrl+F9 组合键，然后按 F5 键或选择"运行/继续"菜单项来恢复执行。

⑦ 结束程序。若希望在程序运行过程中立即停止程序运行，并返回到设计状态，可直接单击调试工具栏中"结束"按钮或"运行/结束"菜单项即可结束程序运行。

(3) 断点的设置。使用断点是调试的重要手段，断点使程序在指定的代码处自动停止执行，并进入中断模式。断点通常设置在程序代码中能反映程序执行状况的关键代码行。例如，可以在循环体中设置断点，以了解每次循环中变量值的变化情况。

① 设置断点。在设计模式或中断模式下，在代码编辑器窗口中单击将要设置断点的代码行左端的边框位置，或将光标停放在该代码行上，单击调试工具栏中"切换断点"按钮或选择"调试/切换断点"菜单项，要设置断点的代码行字体被加粗且反白显示，并在代码行左端边框上出现圆点。图 1-11 显示了在代码窗口中设置了两个断点，当程序运行到断点处时暂停运行，代码行左端的断点上有一水平向右的箭头表明程序在此代码行暂停运行。当鼠标指针指向需观察的变量或属性时，就会在该变量或属性的下方显示出其值。

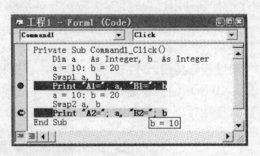

图 1-11   设置断点

② 清除断点。当使用断点调试完程序后，应清除程序代码中的断点。清除断点可以通过直接单击代码行左端边框上的圆点来实现，也可在光标停留在被设置断点的代码行，单击调试工具栏上"切换断点"按钮或选择"调试/切换断点"菜单项清除。若选择"调试/清除所有断点"菜单项可一次清除所有的断点。

(4) 调试窗口。VB 提供了 3 个用于调试的窗口："本地"窗口、"立即"窗口和"监视"窗口。调试窗口的打开可以通过调试工具栏或在"视图"菜单中选择相应的调试窗口。

① "本地"窗口。"本地"窗口可以显示当前过程中所有变量的值。"本地"窗口只能显示本过程中的变量，其他过程的变量则无法看到。

图 1-12 所示为工程 1.Form1.Command1_Click 过程，单击"Me"前面的"+"图标，可以看到窗体的所有信息。

② "立即"窗口。"立即"窗口用于显示在程序运行过程中与当前过程有关的信息，可以显示某个变量或属性值，或执行单个过程或表达式。在进入中断模式后，单击调试工具栏中"立即"窗口按钮显示"立即"窗口。

在立即窗口中可以实现以下功能：

a. 用 Debug. Print 方法输出信息。调试程序时可在程序代码中添加 Debug. Print n 等语句，将变量或表达式的值输出到"立即"窗口中。程序调试完成后，应将 Debug. Print 语句删除。

如图 1-13 所示,在 fac()函数过程中使用了 Debug. Print 语句:

Debug.Print "fac="; fac, "n="; n

显示每次调用 fac()函数时,fac()函数值及 n 的变量值。

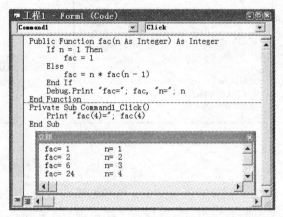

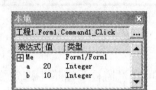

图 1-12 "本地"窗口   图 1-13 "立即"窗口显示反复调用函数的执行过程

b. 在设计时用来测试表达式。在设计模式下,可以在"立即"窗口中使用 Print 方法或?直接输出一些表达式的结果。

例如,在"立即"窗口中输入:

? chr$(Int(rnd*26+65))

按 Enter 键立即显示一个随机产生的大写字母。

c. 直接从"立即"窗口打印。在中断模式下,通过使用 Print 方法或?可在"立即"窗口中检查变量或表达式的值。

例如,在"立即"窗口中输入:

?i, j, i*j

d. 从"立即"窗口编辑变量或属性值。在中断模式下,可在"立即"窗口中设置变量或属性的值。

例如,当程序中断时,在"立即"窗口中给属性重新赋值:

Text1.ForeColor=vbRed

当程序继续运行时,文本框中字体的颜色就可变成红色。

e. 从"立即"窗口测试过程。从"立即"窗口可以通过指定参数值来调用过程,以测试程序的正确性。

例如,使用新的参数来计算调用函数 fac()的结果:

n=5

? fac(n)

将 n 作为 fac()函数的参数,然后调用 fac()函数并显示返回值。

③"监视"窗口。在程序运行过程中,若需要了解多个表达式的值的变化,可在中断模式下,通过"监视"窗口获取,下面是使用"监视"窗口监视表达式的步骤:

a. 添加监视表达式。选择"调试/添加监视"菜单项,显示如图 1-14(a)所示的对话框。在"表达式"编辑框中输入表达式,在"上下文"区域中的下拉组合框中分别选择表达式所在的过程名和模块名，则表达式就添加到"监视"窗口中，如图 1-14(b)。

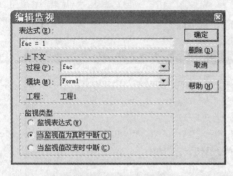

(a) 添加"监视"对话框   (b) "监视"窗口

图 1-14   添加监视表达式窗口

b．编辑或删除监视表达式。若要编辑修改监视表达式，可在"监视"窗口中选定要编辑的表达式，选择"调试/编辑监视"菜单项或按右键在弹出的快捷菜单中选择"编辑监视"菜单项，在弹出的编辑监视对话框中进行编辑。

c．快速监视。在程序运行过程中，若要监视未添加的表达式值，可以采用快速监视的方法。在中断模式下，在代码编辑器窗口中选定需要监视的表达式或属性，再选择"调试/快速监视"菜单项或按 Shift+F9 组合键，就可在弹出的对话框中查看相应的值，如图 1-15 所示。

(5) 调用堆栈。调用堆栈用于显示一个调用的所有活动过程列表，调用活动过程是指已经启动但还未执行完的过程。

在中断模式下，单击调试工具栏中"调用堆栈"按钮或选择"调试/调用堆栈"菜单项，就可出现"调用堆栈"的对话框，如图 1-16 所示。

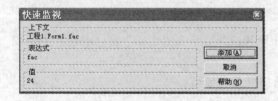

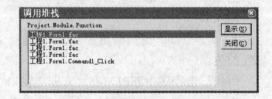

图 1-15   "快速监视"窗口   图 1-16   "调用堆栈"窗口

在对话框中由下往上，依次显示的是调用过程、被调用过程、被调用过程……。如果要详细显示某一过程的语句，可用鼠标选中该过程，再单击"显示"按钮即可。

1.2.2   错误处理

程序运行时产生的任何错误都可能会导致程序运行的中止。尽管在程序编写完成后都要进行严格调试，但这只能是尽可能多地减少错误，而不可能彻底根除错误。此外，在实际应用中还可能由于运行环境、资源使用等原因出现错误，资源路径不正确、文件名输入有误，磁盘驱动器出现故障等，都可能会发生运行错误。因此，在开始编程时就需要事先将错误考虑进去，以便捕获错误、处理错误。

错误处理实际上就是通过程序在运行中捕获错误，并进行适当地处理，对于可能出错的地方添加相应的出错处理程序，设置错误陷阱来捕获错误，并进行适当的处理。在程序中，捕捉和处理错误常常分为 3 个步骤：设置错误陷阱；编写错误处理了过程；从错误处理子过程返回，在程序的适当位置恢复程序的执行。其中错误处理子过程是专门处理发生错误的子程序，当程序正常运行时，错误处理子过程是不起作用的。

1．On Error Resume Next 语句

该语句形式的作用是当运行程序发生错误时，可置错误于不顾，跳过错误继续执行下面的语句。当错误发生时，On Error Resume Next 语句忽略所有可捕获的错误。

例如，在文本框 Text1 中输入数据(如图 1-17 所示)，单击命令按钮 Command1 进行运算，并将运算结果显示在文本框 Text2 中。Command1 控件的 Click 事件代码如代码 1-3 所示。

代码 1-3
```
Option Explicit
Private Sub Command1_Click()
  Dim x%
  On Error Resume Next
  x = Text1.Text / 2
  Text2.Text = x
End Sub
```

图 1-17　运行界面

在输入数据过程中，若因误操作，在 Text1 文本框中没有输入信息(即内容为空)或输入了字母字符，如果程序代码中没有 On Error Resume Next 语句，程序运行执行到 x=Text1.Text/2 指令时，系统将会弹出"实时错误"对话框，提示数据类型不匹配。但是程序代码中加入了 On Error Resume Next 语句后，程序运行不会出现错误提示，系统会跳过错误的语句，继续执行后面一条语句，Text2 文本框中显示 x 的默认值(0)。

2．设置错误陷阱

On Error 语句用于设置错误陷阱，处理可捕获的错误，标号是指向错误处理的代码。这种程序结构如下：

On Error Goto　标号　　　　　　　'设置错误陷阱
　　可能出错的程序语句部分
　　……
Exit Sub　　　　　　　　　　　　'或 Exit Function
标号：
　　错误处理程序
　　……
Resume　　　　　　　　　　　　　'返回到产生错误的语句再继续执行

在程序运行过程中，如没有发生错误，过程或函数将通过 Exit Sub(或 Exit Function)语句正常退出；如果在程序执行过程中出现错误，由于已运行了 On Error 语句，系统将自动定向到 On Error 语句标号指定的错误处理语句处执行错误处理语句。错误处理完毕，执行 Resume 语句，程序返回到出错语句处继续执行。这种程序结构通常用于能够更正错误的场合，例如，当要用程序打开一指定位置的文件而发现该文件不存在时，可进行适当的提示，使错误得以解决，再重新执行刚才出现错误的那条语句。

使用 On Error 语句需要编写相应的错误处理程序和退出错误处理程序。

(1) 错误处理程序。错误处理程序是过程中一段语句标号后加引导的代码。错误处理程序依靠 Error 对象的 Number 属性值确定错误发生的原因,通过用 Case 或 If … Then … Else 语句的形式确定可能会发生什么错误并对每种不同的错误提供处理方法。

(2) 退出错误处理。错误处理程序处理完毕后,需要退出错误处理并恢复程序的执行,可采用以下语句:

Resume

重新执行产生错误的语句。

Resume Next

重新执行产生错误的语句的下一条语句。

Resume 语句标号

从语句标号处恢复执行。

Err. Raise 错误号

运行时触发错误号的错误,VB 将在调用列表中查找其他的错误处理例程。

在错误处理程序中,当遇到 Exit Sub、Exit Function、End Sub、End Function 语句时,将退出错误处理。

例如,将代码 1-3 中的程序代码改写为代码 1-4 所示的代码程序,设置错误陷阱。当在程序运行到 x=Text1.Text/2 语句时,如出现错误,系统将自动定向到标号 Line1 指定的错误处理过程中,在 Text2 文本框中显示出 "输入出错!";如没有错误,系统将通过 Exit Sub 语句跳出命令按钮的 Click 事件过程,而不会进入处理错误的程序中。

代码 1-4

```
Option Explicit
Private Sub Command1_Click()
  Dim x%
  On Error GoTo line1
  x = Text1.Text / 2
  Text2.Text = x
  Exit Sub
line1:
  Text2.Text = "输入出错!"
End Sub
```

3. 关闭错误陷阱

用 On Error Goto 0 语句可在当前过程正在执行时,关闭已经启动的错误陷阱。在程序中任何地方都可以用 On Error Goto 0 语句来关闭错误陷阱。

由于在编程时存在诸多导致错误的可能,所以在应用程序设计编制完成后,须进行耐心地调试和测试,尽可能排除程序中的错误。

1.3   制作应用程序的安装盘

对于确认正确无误的程序,可通过 VB 提供的工具向导制作应用程序安装盘,以便在其他环境中安装运行。

1.3.1 生成.exe 可执行文件

为了发布程序，必须把所编制的程序代码编译为可脱离 VB 环境而直接在操作系统下运行的可执行文件(扩展名为.exe)，将程序编译为可执行文件的步骤如下：

(1) 程序调试测试完毕后首先保存文件。

(2) 选择"文件/生成….exe"菜单项，弹出"生成工程"对话框，如图 1-18 所示。

(3) 单击"选项"按钮，弹出"工程属性"对话框，如图 1-19 所示；根据需要设置相关选项，其中程序首次的版本号为 1.0.0，"自动升级"被选中后，每次编译时 VB 将自动把"修正"值加 1。

(4) 设置完相关选项后，单击"确定"按钮。

(5) 在"生成工程"对话框中填入可执行文件名，单击"确定"按钮，生成可执行文件。

注意：所生成的.exe 文件的运行仍需要 VB 系统的一些文件支持，如.ocx、.dll 等，因此，此时的可执行文件必须在装有 VB 的计算机上方能运行，否则，须将与程序相关的.ocx、.dll 文件与可执行文件一同捆绑发布。

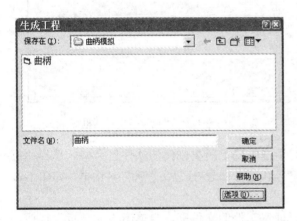

图 1-18 "生成工程"对话框

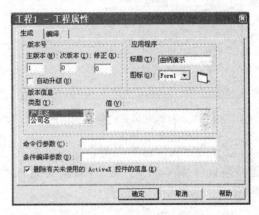

图 1-19 "工程属性"对话框

1.3.2 使用 Visual Basic 安装向导

为了使应用程序能够在完全脱离 VB 的 Windows 环境下运行，可利用 VB 提供的安装向导将应用程序制作成安装盘，以便在其他的计算机上安装运行。

使用 VB 安装向导，可以很容易地为应用程序创建安装程序。安装向导可将应用程序打包。该软件包由一个或多个.cab 文件组成，其中包含了用户安装和运行应用程序时所需的工程文件和任何其他必需的文件，这些文件都经过压缩处理。软件包中附加的文件根据创建的软件包类型的不同而不同。

可以创建的软件包有两种类型：标准软件包与 Internet 软件包。如果通过磁盘、软件或网络共享来发布应用程序，则应创建一个标准软件包；如果通过 Intranet 或 Internet 站点来发布，则应创建一个 Internet 软件包。

使用 VB 安装向导的具体步骤如下：

(1) 保存需安装的工程，然后关闭 VB。

(2) 启动安装向导。选择 Windows 的"开始/程序/Microsoft Visual Basic 6.0 中文版/Microsoft Visual Basic 6.0 中文版工具/Package & Deployment 向导"菜单项，启动安装向导，弹出"打包和展开向导"对话框(如图 1-20 所示)。

(3) 选择需要打包的工程文件。在"打包和展开向导"对话框中通过"浏览"按钮在"选择工程"的组合框中选择需要打包的工程文件，并有相应的可执行文件。

(4) 在"打包和展开向导"对话框左侧有 3 个按钮：打包、展开和管理脚本。如果要为该工程创建一个标准软件包、Internet 软件包或从属文件，则单击"打包"按钮；如果要部署该工程，则单击"展开"按钮；如果要查看、编辑或删除脚本，则单击"管理脚本"按钮。单击"打包"按钮，则进入"打包和展开向导-包类型"对话框，如图 1-21 所示。

图 1-20　"打包和展开向导"对话框

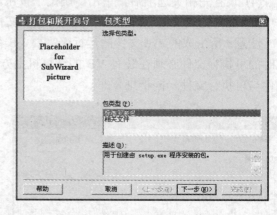

图 1-21　"包类型"对话框

(5) 确定软件包的类型。在"包类型"对话框中确定所要创建的软件包类型。选择"标准安装包"，单击"下一步"按钮，则进入"打包和展开向导-打包文件夹"对话框，如图 1-22 所示。

(6) 在"打包文件夹"对话框中选择存放打包文件的文件夹，再单击"下一步"按钮，进入"打包和展开向导-包含文件"对话框，如图 1-23 所示。

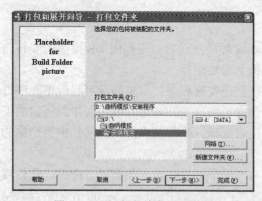

图 1-22　"打包文件夹"对话框

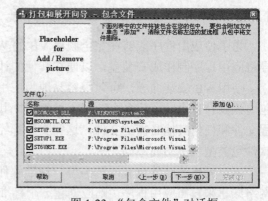

图 1-23　"包含文件"对话框

(7) 在"包含文件"对话框中确定需要发布的文件。创建软件包之前，必须确定应用程序的工程文件及从属文件。工程文件是包含在工程本身中的文件，如.vbp 文件。从属文件是应用程序运行所需要的文件或部件，保存在 vb6dep.ini 文件中或工程中与部件相对应的各种.dep 文件中。单击"添加"按钮添加相关的文件，然后单击"下一步"按钮，进入"打包和展开向导-压缩文件选项"对话框，如图 1-24 所示。

(8) 在"压缩文件选项"对话框中确定文件的压缩方式。如果通过光盘或网络发布程序，则可选用默认设置"单个的压缩文件"选项；如果通过软件发布程序，则应选择"多个压缩文件"选项，并可利用下拉列表框设置每个压缩文件的尺寸。单击 "下一步"按钮，进入"打包和展开向导-安装程序标题"对话框，输入安装标题，再单击"下一步"按钮，进入"打包和展开向导-启动菜单项"对话框。

(9) 在"启动菜单项"对话框中指定安装程序在"程序"菜单中的位置，即所在的选项组与菜单项。单击"下一步"按钮，进入"打包和展开向导-安装位置"对话框，如图 1-25 所示。在"安装位置"对话框中设定文件安装到用户机器上的位置。通常，程序和安装文件被安装到 Program Files 目录的某个子目录中，而系统和从属文件则通常被安装到···\Windows\System 或\Windows\System32 子目录中。然后单击"下一步"按钮，进入"打包和展开向导-共享文件"对话框。

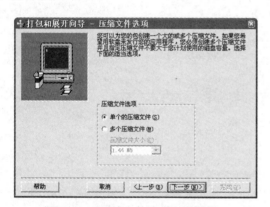

图 1-24　"压缩文件选项"对话框

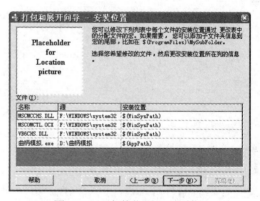

图 1-25　"安装位置"对话框

(10) 在"共享文件"对话框中设置共享文件。单击"下一步"按钮，打开"打包和展开向导-已完成"对话框。在其中输入脚本名称，创建脚本文件。以后对程序进行打包时可以不必重复上述过程，直接调用该脚本文件即可以创建软件包。最后单击"完成"按钮，向导将引用所有必需的文件来创建软件包，并为该软件包创建安装程序(Setup.exe)。该步骤的最终结果是得到一个或多个.cab 文件以及必需的安装文件。打包结束后，系统将给出一个打包报告，如图 1-26 所示。

图 1-27 为存放打包文件的文件夹，其中存放着打包生成的文件。以后只要运行 Setup.exe 程序，即可安装程序了。

如果应用程序使用了 VB 的数据访问技术，则打包和展开打包过程中还将执行两个附加步骤：

(1) 如应用程序使用了 ADO、OLEDB 或 ODBC 部件，向导将自动添加一个 mdac_typ.exe 文件到包含软件包的文件列表中。mdac_typ.exe 是一个自解压的可执行程序，用于安装数据访问技术所需的所有必需部件。

(2) 如应用程序中包括了 DAO 特性，向导将提示所选择的适当的数据访问选项。

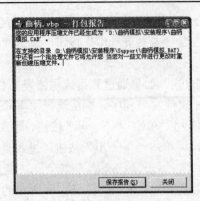

图 1-26　打包报告

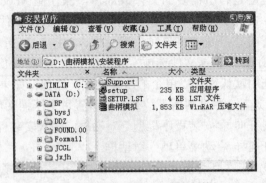

图 1-27　打包生成的文件

第2章 实 验

实验 1 Visual Basic 入门

1．实验目的

(1) 掌握 VB 的启动和退出。

(2) 掌握利用 VB 建立、编辑、保存及运行应用程序的过程。

(3) 掌握基本控件窗体标签、文本框、按钮的使用。

(4) 掌握常用方法的使用。

2．实验预备知识

(1) 窗体(Form)。窗体为图形用户界面提供了一个基本平台，它是所有控件的容器，所有控件都放置于其中。

(2) 标签(Label)。标签主要用于显示一小段文本信息，通常用来标注本身不具有 Caption 属性的控件，如利用标签给文本框控件附加描述信息等。标签控件的内容只能用 Caption 属性进行设置或修改，不能直接编辑。

(3) 文本框(TextBox)。文本框为用户提供了一个编辑文本的区域，在此区域中既能够显示又能够编辑文本信息。

(4) 命令按钮(Command Button)。命令按钮是 VB 应用程序中最常用的控件。单击命令按钮可执行一些操作，主要用于启动或中断一个处理过程。

(5) 对象(Object)、属性(Attribute)、事件(Event)与方法(Method)。对象是面向对象的程序设计中最基本的元素。属性则说明对象某一方面的特征，是用来描述和反映对象特征的一系列数值。事件是激励对象引发某个过程，是发生在对象身上、能被对象识别的动作。除此之外，VB 环境还为不同的对象提供了不同的方法。当用方法来控制某一个对象的行为时，其实质就是调用该对象内部特殊的函数或过程。

3．实验内容

【实例 1】标签的使用。程序运行效果如图 2-1 所示。

实例分析：在窗体上建立 6 个标签，使其具有其字面上的特性。本题旨在通过此例熟悉标签的特性进而掌握标签的使用。

操作步骤：

(1) 建立程序窗体，添加控件。打开 VB，建立窗体。单击工具箱中的标签按钮**A**并在窗体上画出一个标签；将此动作连续 6 次，画出 6 个标签，分别为 Label1、Label2、Label3、Label4、Label5 和 Label6。根据需要调整各个对象的大小和位置。

(2) 设置各控件对象的属性，如表 2-1 所示。

(3) 编写相关事件代码，如代码 2-1 所示，在窗体上显示各对象。

(4) 保存文件。保存窗体文件，命名为"实例 1.frm"；保存工程文件，命名为"实例 1.vbp"。

(5) 运行程序。使用菜单中的"运行"/"启动"命令，或按 F5 键，或单击工具栏上的"启动"按钮▶，结果如图 2-1 所示。

图 2-1　标签的使用效果

表 2-1　各控件的属性及其值

控件名称	属　　性	属性值	备　　注
Form1	Caption	标签的使用	
Label1	Caption	宋体、常规、小四号	
	Font	宋体、常规、小四号	
	BorderStyle	1	有边框
Label2	Caption	隶书、粗体、四号	
	Font	隶书、粗体、四号	
	BorderStyle	1	有边框
Label3	Caption	黑体、有下划线、五号	
	Font	黑体、有下划线、五号	
	BorderStyle	1	有边框
Label4	Caption	居左、有边框	
	Alignment	0	居左
	BorderStyle	1	有边框
Label5	Caption	居中、无边框	
	Alignment	2	居中
	BorderStyle	0	无边框
Label6	Caption	居右、有边框	
	Alignment	1	有边框
	BorderStyle	1	居右

代码 2-1

```
Private Sub Form_Load()
    Show            '显示窗体
End Sub
```

【实例 2】文本框的使用，程序运行效果如图 2-2 所示。

实例分析：在窗体上建立 4 个文本框，并通过此例熟悉文本框的特性。当文本框 1 中的内容改变时，分别在文本框 2、文本框 3、文本框 4 中显示文本框 1 的内容。由于文本框 2 的 PasswordChar 属性为空，因此原样显示；文本框 3 的 PasswordChar 属性为*，因此无论文本框 1 输入什么，都以*显示；文本框 4 的 PasswordChar 属性为#，因此无论文本框 1 输入什么，都以#显示。本题旨在通过练习掌握文本框的使用。

操作步骤：

(1) 建立程序窗体并添加控件。打开 VB 建立窗体。单击工具箱中的文本框按钮并在窗

体上画出一个文本框，将此动作连续 4 次，画出 4 个文
本框，分别为 Text1、Text2、Text3 和 Text4。根据需要
调整各个对象的大小和位置。

(2) 设置各控件对象的属性，如表 2-2 所示。

(3) 编写相关控件的事件代码，如代码 2-2 所示。

(4) 保存文件。保存窗体文件，命名为"实例 2.frm"；
保存工程文件，命名为"实例 2.vbp"。

(5) 运行程序。使用菜单中的"运行"/"启动"命
令，或按 F5 键，或单击工具栏上的"启动"按钮▶，在
文本框 Text1 中输入"I am a student"，结果如图 2-2 所示。

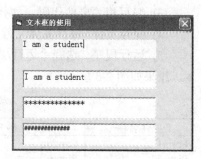

图 2-2   文本框的使用运行效果

表 2-2   各控件的属性及其值

控件名称	属　　性	属性值	备　　注
Form1	Caption	文本框的使用	
Text1	Text	空	
	PasswordChar	空	以原有字符显示
	BorderStyle	0	无边框
Text2	Text	空	
	PasswordChar	空	以原有字符显示
	BorderStyle	1	有边框
Text3	Text	空	
	PasswordChar	*	以*显示
	BorderStyle	1	有边框
Text4	Text	空	
	PasswordChar	#	以#显示
	BorderStyle	1	有边框

代码 2-2

```
Private Sub Text1_Change()      '定义文本框1中Change事件过程
    Text1.SetFocus              '将焦点定位在文本框1中
    Text2.Text = Text1.Text     '将文本框1中内容显示在文本框2中
    Text3.Text = Text1.Text     '将文本框1中内容以*显示在文本框2中
    Text4.Text = Text1.Text     '将文本框1中内容以#显示在文本框2中
End Sub
```

【实例 3】按钮的使用，程序运行效果如图 2-3 所示。

实例分析：在窗体上建立 4 个按钮与 1 个图片框，设置其属性。当按钮 1 被单击时，图
片上移一定距离；当按钮 2 被单击时，图片左移一定距离；当按钮 3 被单击时，图片右移一
定距离；当按钮 4 被单击时，图片下移一定距离；本题旨在通过此例熟悉按钮和图片框的特
性，掌握按钮的使用。

操作步骤：

(1) 建立程序窗体，添加控件。打开 VB 建立窗体；单击工具箱中的按钮图标，并在窗
体上画出一个按钮，将此动作连续 4 次，画出 4 个按钮，它们分别为 Command1、Command2、
Command3 和 Command4；单击工具箱中的图片框图标，并在窗体上画出一个图片框；根据
需要调整各个对象的大小和位置。

(2) 设置各相关控件的属性，如表 2-3 所示。

(3) 编写相关事件代码，如代码 2-3 所示。

(4) 保存文件，保存窗体文件，命名为"实例 3.frm"；保存工程文件，命名为"实例 3.vbp"。

(5) 运行程序，选择"运行/启动"菜单项，或按 F5 键，或单击工具栏上的"启动"按钮，结果如图 2-3 所示。

表 2-3　各相关控件的属性设置

控件名称	属　　性	属性值	备　　注
Form1	Caption	按钮的使用	窗体的标题
Picture1	Picture	Phone16.ico	图形文件名
Command1	Caption	Command1	
	Style	1	按钮上可显示图形
	Picture	Arwo2up.ico	图形文件名
Command2	Caption	Command2	
	Style	1	按钮上可显示图形
	Picture	Arwo2lt.ico	图形文件名
Command3	Caption	Command3	
	Style	1	按钮上可显示图形
	Picture	Arwo2rt.ico	图形文件名
Command4	Caption	Command4	
	Style	1	按钮上可显示图形
	Picture	Arwo2dn.ico	图形文件名

代码 2-3

```
Private Sub Command1_Click()
    Picture1.Top = Picture1.Top - 200    '图形上移一定距离
End Sub
Private Sub Command2_Click()
    Picture1.Left = Picture1.Left - 200  '图形左移一定距离
End Sub
Private Sub Command3_Click()
    Picture1.Left = Picture1.Left + 200  '图形右移一定距离
End Sub
Private Sub Command4_Click()
    Picture1.Top = Picture1.Top + 200    '图形下移一定距离
End Sub
```

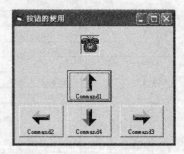

图 2-3　按钮的使用运行效果

【实例 4】方法的使用，程序运行效果如图 2-4、图 2-5 和图 2-6 所示。

实例分析：在窗体上建立 3 个按钮与 1 个图片框，并设置其属性。单击"print"按钮，利用"print"方法在图片框中打印相应的字符；单击"cls"按钮，利用方法 cls 清除图片框中的字符；单击"move"按钮，利用"move"方法将图片框向右下移动一定的距离。本题旨在通过此例熟悉按钮、图片框和方法的特性，进而掌握方法的使用。

操作步骤：

(1) 建立程序窗体，添加控件。打开 VB 建立窗体。单击工具箱中的按钮图标并在窗体上画出一个按钮，将此动作连续 3 次画出 3 个按钮，分别为 Command1、Command2 和 Command3；单击工具箱中的图片框图标，在窗体上画出一个图片框。根据需要调整各个对象的大小和位置。

(2) 设置各相关控件的属性，如表 2-4 所示。

(3) 编写相关控件的事件代码，如代码 2-4 所示。

(4) 保存文件。保存窗体文件，命名为"实例 4.frm"；保存工程文件，命名为"实例 4.vbp"。

(5) 运行程序。使用"运行"菜单中的"启动"命令，或按 F5 键，或单击工具栏上的"启动"按钮▶，分别单击窗体上的 3 个命令按钮，结果如图 2-4、图 2-5 和图 2-6 所示。

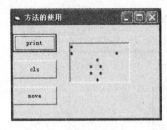
图 2-4 单击按钮 1 程序运行效果

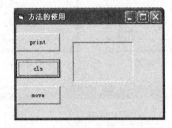
图 2-5 单击按钮 2 程序运行效果

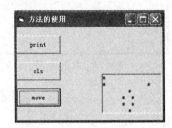
图 2-6 单击按钮 3 程序运行效果

表 2-4 各相关控件的属性设置

控件名称	属 性	属性值	备 注
Form1	Caption	方法的使用	窗体的标题
Picture1	Picture	空	
Command1	Caption	print	按钮的标题
Command2	Caption	cls	按钮的标题
Command3	Caption	move	按钮的标题

代码 2-4

```
Private Sub Command1_Click()
    Picture1.Print "*"          '末尾无符号换行
    Picture1.Print "*",         '末尾有逗号不换行，在下个制表位打*
    Picture1.Print "*";         '末尾有分号不换行
    Picture1.Print              '换行
    Picture1.Print Spc(8); "*"  '先输出8个空格，再打印*
    Picture1.Print Spc(6); "*"; Spc(2); "*"  '空6格打*，再空2格打*
    Picture1.Print Spc(6); "*"; Spc(2); "*"
    Picture1.Print Spc(8); "*"
End Sub
Private Sub Command2_Click()
    Picture1.Cls                '清除图片框中的内容
End Sub

Private Sub Command3_Click()
    Picture1.Move Picture1.Left + 800, Picture1.Top + 800
End Sub                         '将图片框在x轴和y轴方向移动
```

【实例 5】综合应用，程序运行效果如图 2-7、图 2-8 和图 2-9 所示。

实例分析：在窗体上建立 1 个标签、2 个文本框、3 个图片框和 6 个按钮，并设置其属性。标签用于显示标题，文本框用于输入数字。单击"加法"按钮，图片框 1 显示"加法"符号"+"；图片框 2 显示"等于"符号"="；图片框 3 显示加法运算的结果。"减法"、"乘法"及"除法"按钮与"加法"按钮类似。单击"cls" 按钮，则清除文本框和图片框的内容。单击"end"按钮，则结束程序的运行。

操作步骤：

(1) 建立程序窗体，添加控件。打开 VB 建立窗体。单击工具箱中的相应的图标，并在窗体上画出 1 个标签、2 个文本框、3 个图片框和 6 个按钮。根据需要调整各个对象的大小和位置。

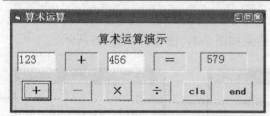

图 2-7　单击按钮 1(+)程序运行效果

图 2-8　单击按钮 5(cls)程序运行效果

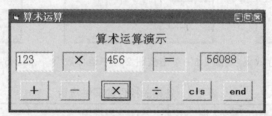

图 2-9　单击按钮 3(×)程序运行效果

(2) 设置各相关控件的属性，如表 2-5 所示。

表 2-5　各相关控件的属性设置

控件名称	属　性	属性值	备　注
Form1	Caption	算术运算	窗体的标题
Picture1	Picture	空	用于显示运算符号
	Autosize	True	
Picture2	Picture	空	用于显示等号
	Autosize	True	
Picture3	Picture	空	用于显示结果
	Autosize	True	
Text1	Text	空	用于输入数字 1
Text2	Text	空	用于输入数字 2
Command1	Caption	空	
	Style	1	按钮上可显示图形
	Picture	Misc18.ico	图形文件名(+)
Command2	Caption	空	
	Style	1	按钮上可显示图形
	Picture	Misc19.ico	图形文件名(−)
Command3	Caption	空	
	Style	1	按钮上可显示图形
	Picture	Misc20.ico	图形文件名(×)
Command4	Caption	空	
	Style	1	按钮上可显示图形
	Picture	Misc21.ico	图形文件名(÷)
Command5	Caption	Cls	按钮的标题
Command6	Caption	End	按钮的标题

(3) 编写相关事件代码，如代码 2-5 和代码 2-6 所示。

(4) 保存文件。保存窗体文件，命名为"实例 5.frm"；保存工程文件，命名为"实例 5.vbp"。

(5) 运行程序，使用 "运行" 菜单中的 "启动" 命令，或按 F5 键，或单击工具栏上的
"启动" 按钮▶，结果如图 2-7、图 2-8 和图 2-9 所示。

代码 2-5

```
Private Sub Command1_Click()
    Picture1.Picture = LoadPicture(App.Path + "\misc18.ico") '导入图片
    Picture2.Picture = LoadPicture(App.Path + "\misc22.ico") '导入图片
    Picture3.Print Val(Text1.Text) + Val(Text2.Text)
End Sub
Private Sub Command2_Click()
    Picture1.Picture = LoadPicture(App.Path + "\misc19.ico") '导入图片
    Picture2.Picture = LoadPicture(App.Path + "\misc22.ico") '导入图片
    Picture3.Print Val(Text1.Text) - Val(Text2.Text)
End Sub
Private Sub Command3_Click()
    Picture1.Picture = LoadPicture(App.Path + "\misc20.ico") '导入图片
    Picture2.Picture = LoadPicture(App.Path + "\misc22.ico") '导入图片
    Picture3.Print Val(Text1.Text) * Val(Text2.Text)
End Sub
```

代码 2-6

```
Private Sub Command4_Click()
    Picture1.Picture = LoadPicture(App.Path + "\misc21.ico") '导入图片
    Picture2.Picture = LoadPicture(App.Path + "\misc22.ico") '导入图片
    Picture3.Print Val(Text1.Text) / Val(Text2.Text)
End Sub
Private Sub Command5_Click()
    Text1.Text = "": Text2.Text = ""
    Picture1.Picture = LoadPicture("")                        '清除图片
    Picture2.Picture = LoadPicture("")                        '清除图片
    Picture3.Cls
End Sub
Private Sub Command6_Click()
    End
End Sub
```

4. 实验思考

(1) 在现实生活中，文本框的 PasswordChar 属性有什么作用？用实验证明。

(2) 方法 print 如何控制数据输出的位置和换行？用实验证明。

(3) 方法 move 如何控制绝对距离和相对距离？用实验证明。

实验 2　Visual Basic 编程基础

1. 实验目的

(1) 掌握 VB 的数据类型和变量定义方法。

(2) 掌握运算符和表达式的正确使用方法与执行顺序。

(3) 掌握主要内部函数的使用。

(4) 熟练利用立即窗口进行验证和测试。

(5) 进一步熟悉 VB 集成环境及程序设计的全过程。

(6) 学会设计简单的顺序结构程序。

2. 实验预备知识

(1) 数据类型如表 2-6 所示。

表2-6　常用数据类型

类型名	声明关键字	类型符号	占用内存(字节)	说　　明
整型	Integer	%	2	不带小数点和指数符号的数
长整型	Long	&	4	同上
单精度	Single	!	4	带小数点的数，有效数字7位
双精度	Double	#	8	带小数点的数，有效数字15或16位
货币型	Currency	@	8	带小数点的数，小数点后固定4位小数
变长字符串	String	$	字符串长度	
定长字符串	String*size	$	size	
逻辑(布尔)型	Boolean		2	取值只有 True(真)和 False(假)
日期型	Date		8	用#括起来的：mm/dd/yyyy 或 mm-dd-yyyy 或可以辨认的 yyyy-mm-dd 文本
对象类型	Object			任何对象的引用
可变类型	Variant			

(2) 常量和变量。

① 常量：指在程序运行过程中保持不变的量，包括：数值常量、字符串常量(必须用双引号括起来)、逻辑常量、日期常量(用#括起来)和符号常量。

② 变量：指在程序运行过程中临时存储数据，其值可以随时改变的量。变量有属性变量和声明变量。变量的命名规则为：必须字母开头，由字母、数字与下划线组成，长度不超过255 个字符。变量的声明包括变量的名称和数据类型。如：

Dim|Private|Static|Public<变量名 1>[As<类型>][, <变量名 2>[As<类型 2>]]…

(3) 运算符和表达式。

① 算术运算符：^、−(负号)、*、/、 \、Mod、+、−。优先级和数学中的相同，但注意整除运算符"\"和求余运算符"Mod"的概念。

② 字符串运算符：&、+。两者的区别是："&"运算符两边的操作数可以为字符串也可以是其他类型；而"+"运算符两边的操作数应为字符串或是数字型字符与数值运算。

③ 关系运算符：=、>、<、>=、<=、<>或><(不等于)，运算结果为逻辑值。

④ 逻辑运算符：Not、And 及 Or，连接逻辑值或关系运算表达式。其运算结果一般为逻辑值。

⑤ 日期运算符：+、−。注意：两个日期可以相减，但不能相加。日期运算的结果可能是日期(日期时间型)，也可能是相隔的天数(数值型)。

日期运算符的表达式由变量、常量、运算符、函数和圆括号按一定的规则组成。表达式的运算结果的类型由参与运算的数据类型和运算符共同决定。

根据表达式中运算符的类别可以将表达式分为算术表达式(由算术运算符连接)、字符串表达式(由字符串连接运算符连接)、日期表达式(由日期运算符连接)、关系表达式(由关系运算符连接)和逻辑表达式(由逻辑运算符连接)等。

当一个表达式中存在多种运算符时，按如下优先级的先后顺序进行运算：

函数→算术运算(乘方→取负→乘/除→整除→求余→加/减)→字符串运算符→关系运算符→逻辑运算符(Not→And→Or)

(4) 常用系统函数。VB 的标准函数可以分为5 类：数学函数、转换函数、字符串函数、日期时间函数和格式函数。通过 VB 的"帮助"菜单可获取系统函数的使用方法。

3. 实验内容

【实例 6】如图 2-10 所示，在窗体上创建 4 个命令按钮，分别为 Command1、Command2、Command3 和 Command4。分别编写 4 个命令按钮的 Click 事件代码和 Form1_Load()事件代码。运行程序后，单击各个命令按钮可进行各种不同的运算，并在窗体或立即窗口中输出运算结果。

实例分析:

(1) 字符串运算符"&"和"+"的区别:"+"运算符两边的操作数均为字符型才能进行字符串连接;"&"运算符两边的操作数可以是任何类型的数据，在使用时变量与运算符间应加一个空格，这是因为"&"符号即是字符串连接符号，也是长整型的类型定义符。

(2) 关系运算符进行运算时，如果:

图 2-10　程序运行初始状态

① 两个数是数值型，则按大小进行比较;

② 两个数是字符型，则按 ASCII 码值从左到右一一进行比较，直到比出结果为止。

(3) 逻辑型数据和数值型数据可互相转换。当逻辑型数据转换为数值型数据时，True 转换为-1，False 转换为 0;反之数值型数据转换为逻辑型数据时，非 0 转换为 True，0 转换为 False。如果逻辑运算符的运算对象是数值时，则按数字的二进制值逐位进行逻辑运算。例如:11 and 5 的运算是二进制数 1011 和 0101 按位进行逻辑与运算，结果是 0001，即十进制数 1。

(4) 日期型数据按 8 个字节的浮点数来存储。VB 提供的日期的表示范围从公元 100 年 1 月 1 日到公元 9999 年 12 月 31 日，而时间范围从 0:00:00 到 23:59:59。任何字面上可以被认作日期和时间的字符，只要用定界符"#"括起来，就可以作为日期型数据。输入数据时系统会自动将它们变为标准形式。当其他数据转换为日期型数据时，小数点左边的数字代表日期，小数点右边的数字代表时间。VB 默认午夜 0，而中午 12 点为 0.5。如果使用负数则表示为:1899 年 12 月 31 日之前的日期。

操作步骤:

(1) 创建工程，建立程序窗体并添加控件。在 VB 环境中创建工程，建立一个程序窗体 form，在窗体上添加 4 个命令按钮 Command1、Command2、Command3 和 Command4，运行初态如图 2-10。

(2) 设置各相关控件的属性，如表 2-7 所示。

表 2-7　各相关控件的属性设置

控件名称	属性名	属性值
Cmd1	Caption	算术运算
Cmd2	Caption	字符运算
Cmd3	Caption	逻辑运算
Cmd4	Caption	日期运算

(3) 编写相关控件的事件代码，如代码 2-7、代码 2-8、代码 2-9 和代码 2-10 所示。

(4) 保存文件。使用"文件"菜单中的"保存工程"命令，或单击工具栏中的"保存工程"按钮。如果是第一次保存则会弹出"文件另存为"对话框，首先提示保存"窗体文件"，此时可给窗体文件命名(如"实例 6.frm")并选择存放的位置(如 E:\user1，"user1"为用户自已创建的文件夹)，单击"保存"按钮。系统继续提示保存"工程文件"，此时可给工程文件命名(如"实例 6.vbp")。文件名可根据需要来命名。

(5) 按 F5 功能键或单击工具栏中的启动按钮运行程序，初始态如图 2-10 所示。运行程序后分别单击各命令按钮，分析各程序段运行结果。

代码 2-7

```
Private Sub Form_Load()
  Form1.ForeColor = vbRed  '设置窗体的前景色
  Form1.FontSize = 11  '设置窗体的字号
End Sub
Private Sub Cmd1_Click()
  Dim x As Integer, a1 As Integer, a2 As Single, a3 As Double
  Form1.Cls
  x = 5
  Print x + 13
  Print x - 13
  Print x * x
  Print 13 / x
  Print 13 \ x
  Print 13 Mod x
  Print x ^ 2
  a1 = 13 / x      '13/5(2.6)是Double型，a1是整型，2.6四舍五入后赋值
  a2 = 13 / x
  a3 = 13 / x
  Print "a1="; a1,
  Print "a2="; a2, "a3="; a3
  Print Format(Sqr(a1),"#.##"),Format(Sqr(a2),"#.##"),Format(Sqr(a3),"#.##")
End Sub
```

代码 2-8

```
Private Sub Cmd2_Click()
  Form1.Cls
  Print "abcdef" = "abcd"
  Print "abcde" > "abc"
  Print "ABCDE" = "CD"
  Print "46" > "4"
  Print "ABC" <> "Abc"
  a = Len("1234a$bc&")
  b$ = UCase$("Abcde123")
  C$ = LCase$("ABCdefG")
  Print a, b$, C$
  Print 123456 + "654321"
  Print "中华人民共和国" + Mid("北京天津市上海", 3, 3)
  Print "This is a " & "Visual Basic Program "
  Print "Hello" & "!" & Space(3) & 886
End Sub
```

代码 2-9

```
Private Sub Cmd3_Click()
  Form1.Cls
  Dim a As Boolean, b As Boolean, x As Integer, y As Integer
  x = 0:   y = -4:  a = x:   b = y
  Print "a="; a; Space(3); "b="; b
  Print "x="; x; Space(3); "y="; y
  a = True:   b = False:   x = a:   y = b
  Print "x="; x; "y="; y; "a="; a; "b="; b
  Dim x1 As Boolean, x2 As Boolean, x3 As Boolean, x4 As Boolean
  x1 = True:   x2 = True
  x3 = False:   x4 = False
  Debug.Print x1 And x2  '在立即窗口中输出,全真为真
  Debug.Print x2 And x3
  Debug.Print x1 Or x2   '在立即窗口中输出,全假为假
  Debug.Print x1 Or x4
```

```
   Debug.Print x1 Xor x2    '在立即窗口中输出，两个操作数不相同为真
   Debug.Print x2 Xor x3
   Debug.Print x1 Eqv x3    '在立即窗门中输出，两个操作数相同为真
   Debug.Print x3 Eqv x4
   Debug.Print x1 Imp x4    '操作数1真，2假时结果为假，其余为真
   Debug.Print x4 Imp x3
   Debug.Print 11 And 5
End Sub
```

代码 2-10

```
Private Sub Cmd4_Click()
   Form1.Cls
   Dim x As Date, y As Date, z As Date, a1 As Date, a2 As Date
   x = #8/5/2006#
   y = #6/12/2006 10:30:11 AM#
   z = 2006.09
   a1 = 0.5       '表示中午12点
   a2 = 0         '表示午夜
   Print "x="; x; Space(1); "y="; y
   Print "z="; z
   Print "a1="; a1; Space(2); "a2="; a2
   Print "当前系统日期和时间: "; Now
   Print "当前系统时间: "; Time
   Print "当前系统日期: "; Date
End Sub
```

【实例 7】使用立即窗口验证如下程序段的输出结果。

操作步骤：

(1) 打开立即窗口：使用"视图"菜单中的"立即窗口"命令或快捷键 Ctrl+G。

(2) 在立即窗口内逐条输入下面程序段的每条语句，然后回车。查看输出结果。

① 设有如下程序段：

a\$ = "BeiJingChina"

b\$ = Mid(a\$, InStr(a\$, "J")+4)

c\$ = Left("The map is on the wall " , 11)+Right("IT is a map of China", 5)

d = Len(b\$)

Print b\$

Print c\$

Print l

则 b\$的值为_____；c\$的值为_____；1 的值为_____。

注：InStr(a\$, "J")返回字符 J 在字符串 a\$中第一次出现的位置(4)，Mid(a\$,4+4)返回从 a\$的第 8 个字符串开始一直到末尾的字符串。

② 设有如下程序段：

a=6

b=15

c=Int((b−a)*Rnd+a)+1

Print c

则 c 值的范围为_____。

注：Rnd 函数产生大于等于 0，小于 1 的随机数，(b−a)*Rnd 产生[0，9)之间的随机数，Int((b−a)*Rnd+a)产生[6，15)之间的随机整数，所以 Int((b−a)*Rnd+a)+1 产生[7，16)之间的随

机整数。

③ 设有如下程序段：

a=5:b=4:c=3:d=2

s1=sqr(4)>3*b or a=c and b<>c or c>"1" &"2"

s2=Not a>=c or abs(-4) *b=a^2 and a><c+d

? "s1="; s1; space(2); "s2="; s2

则 s1 的值为_____，s2 的值为_____。

注意：运算符的优先级为：函数→算术运算符(幂(∧)→取负(–)→乘、浮点除(*、/)→整除(\)→取模(mod)→加、减(+、–)→连接(&))→关系运算符→逻辑运算(Not→And→Or→Xor→Eqv→Imp)。

(3) 关闭立即窗口：单击立即窗口右上角的"▨"按钮或按 Alt+F4 键。

【实例 8】在窗体上创建 2 个标签 Label1 与 Label2；3 个文本框 Text1、Text2 与 Text3；2 个命令按钮 Command1 和 Command2。程序运行后，分别在文本框 Text1、Text2 中输入两个两位数，然后单击命令按钮 Command1；在 Text3 文本框中显示一个生成的新的四位数，要求新的四位数为：千位为第 1 个数的个位，百位为第 2 个数的个位，十位为第 1 个数的十位，个位为第 2 个数的十位。如：12 和 36 组成新数为：2613。

实例分析：求解本题的关键是要能将输入在 Text1 和 Text2 中的任意两位数分解，取得其个位数及十位数，再通过将个位数、十位数分别乘以 10^0、10^1、10^2 及 10^3，然后相加就可以重新组合成新的四位数。将一个任意两位数分解获得其个位数及十位数的方法有以下两种：

(1) 将文本框中的任意两位数作为数值数据，通过用此数对 10 的求余运算(用 mod 运算符)，可求得此数的个位数，用此数对 10 整除运算(用\运算符)可求得此数的十位数。将求余运算和求整除运算结合起来多次操作，可以实现对任意大小的数求得其某进制位上的数。

(2) 将文本框中的任意两位数作为字符串，用 Mid()字符函数可分别取得其左边第一位(十位)、第二位(个位)。然后将取得的个位及十位字符分别用字符运算符"+"或"&"组成新的四位数。

本题解法以第一种方法进行操作。

操作步骤：

(1) 在 VB 环境下，创建工程、窗体，在窗体中添加 3 个标签控件、3 个文本框控件和 2 个命令按钮控件，界面如图 2-11 所示。

(2) 设置相关控件的属性，如表 2-8 所示。

表 2-8　各相关控件的属性设置

控件名称	属性名	属性值	说　明
Label1	Caption	输入第一个数	
Label2	Caption	输入第二个数	
Label3	Caption	组成新数	
Cmd1	Caption	生成新数	
Cmd2	Caption	退出	
Text1	Text		清空
Text2	Text		清空
Text3	Text		清空

(3) 编写相关控件的事件代码，如代码 2-11 所示。

(4) 按 F5 功能键或单击工具栏中的启动按钮运行程序。在相应文本框中分别输入两个数据，然后单击"生成新数"命令按钮。查看 Text3 中输出结果，如图 2-12 所示。

图 2-11　程序界面

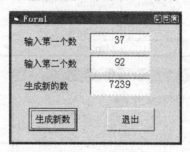
图 2-12　运行状态

代码 2-11

```
Option Explicit
Private Sub Command1_Click()
  Dim x%, y%, a%, b%, c%, d&
  x = Val(Text1.Text)
  y = Val(Text2.Text)
  a = x Mod 10           '求个位数
  b = x \ 10             '求十位数
  c = y Mod 10
  d = y \ 10
    '按照各位数的位置分别乘以权值再相加
  Text3 = a * 1000 + c * 100 + b * 10 + d
End Sub
Private Sub Command2_Click()
  End                    '结束程序运行
End Sub
```

(5) 保存文件。使用 "文件"菜单中的"保存工程"命令，或单击工具栏中"保存工程"按钮。弹出"文件另存为"对话框，保存"窗体文件"，命名为"实例 8.frm"并选择存放的位置(如 E:\user1，"user1"为用户自己创建的文件夹)；保存"工程文件"，命名为"实例 8.vbp"。注意：同类型的文件不能使用相同的文件名，否则原文件内容将被覆盖。

【实例 9】通过随机函数产生 1 个四位正整数，单击命令按钮将该数换算成各种票额钞票张数，并用 Label 控件显示出来。

实例分析：产生四位正整数(即[1 000，9 999]之间的正整数)，可使用公式 Int((9 999–1 000 +1)*Rnd+1 000)。

操作步骤：

(1) 移除实例 8 工程(步骤：文件→移除工程)。新建一个工程，界面如图 2-13 所示。

(2) 设置相关控件的属性，如表 2-9 所示。

(3) 编写相关控件的事件代码，如代码 2-12 所示。

(4) 按 F5 功能键或单击工具栏中的启动按钮运行程序，单击"换算各种票额张数" 命令按钮，运行结果如图 2-14 所示。可以反复单击命令按钮，执行多次程序，每次产生不同的随机数。

(5) 保存文件。保存"窗体文件"，命名为"实例 9.frm"并选择存放的位置(如 E:\user1，"user1"为用户自己创建的文件夹)，再保存"工程文件"，命名为"实例 9.vbp"。

表 2-9　各相关控件的属性设置

控件名称	属性名	属性值
Label1	Caption	产生一个四位正整数(金额)
Label2	Caption	空
	BorderStyle	1—Fixed Single 边框样式
Text1	Caption	空
Cmd1	Caption	换算各种票额张数

图 2-13　程序界面

图 2-14　运行结果

代码 2-12

```
Private Sub Command1_Click()
  Dim a As Currency, b As String
  Randomize              '初始化随机数生成器
  a = Int(9000 * Rnd + 1000)   '产生[1000,9999]区间内的随机整数
  Text1.Text = a
  Y1 = a \ 100          '求百元票张数
  a = a Mod 100          '求剩余款项
  Y2 = a \ 50          '求五十元票张数
  a = a Mod 50          '求剩余款项
  Y3 = a \ 20          '求二十元票张数
  a = a Mod 20          '求剩余款项
  Y4 = a \ 10          '求十元票张数
  a = a Mod 10          '求剩余款项
  Y5 = a \ 5          '求五元票张数
  a = a Mod 5          '求剩余款项
  y6 = a \ 2          '求二元票张数
  a = a Mod 2          '求一元票张数
  b = "*******************************" & Chr(13)
  b = b & Format(Y1 & "张 百元票,", "@@@@@@@@@@") & _
  Format(Y2 & "张 50元票,", "@@@@@@@@@@") & Chr(13)
  b = b & Format(Y3 & "张 20元票,", "@@@@@@@@@@") & _
     Format(Y4 & "张 10元票,", "@@@@@@@@@@") & Chr(13)
  b = b & Format(Y5 & "张 5元票,", "@@@@@@@@@@") & _
     Format(y6 & "张 2元票,", "@@@@@@@@@@") & Chr(13) & _
     Format(a & "张 1元票,", "@@@@@@@@@@") & Chr(13)
  b = b & "*******************************" & Chr(13)
  b = b & "共计" & Str(Text1.Text) & "元"
Label2 = b
End Sub
```

4. 实验思考

(1) 在【实例 6】中，如果字符串运算符"+"两边分别是数值 123 和字符"123"，能否进行运算？运算结果会是什么？

(2) 在【实例 6】中，如果逻辑运算符"And"的两边分别是 False 和数值 5，其结果会是什么？如将 false 改为 True，结果又会是什么？

(3) 在【实例 8】中，试采用第二种方法编写程序实现数字的重现组合。

(4) 在掌握【实例 9】原理的基础上重新编写一程序，如有 4 个员工，其月薪分别是 1862、1629、1588、1231，合计 6310，要将 6310 按其 4 人的月薪分发给各位员工，那么财务部门应准备各种面额的钞票张数分别是多少？

实验 3　Visual Basic 程序设计

1．实验目的

(1) 掌握顺序程序设计。

(2) 掌握分支程序设计。

(3) 掌握循环程序设计。

(4) 理解算法，并通过各种程序设计学会程序设计的一般方法。

2．实验预备知识

(1) 算法。算法是解决问题的逻辑步骤，是对特定问题求解步骤的描述。一个正确的算法应具备有穷性、确定性、可行性、输入及输出。算法可采用任何形式的语言和符号来描述，通常采用自然语言、伪代码、流程图、N-S 图、PAD 图以及程序语言等方法。

(2) 程序控制结构。任何算法功能都可以通过由程序模块组成的 3 种基本控制结构(顺序结构、选择结构和循环结构)或 3 种基本控制结构的组合来实现。3 种控制结构能够表达用一个入口和一个出口框图所能表达的任何程序逻辑，即通过 3 种控制结构就可以实现任何程序的逻辑。这 3 种控制结构是组成各种复杂程序的基本元素，是结构化程序设计的基础。

① 顺序结构。顺序结构是一种最简单的算法结构。其算法的每一个操作是按从上到下的线性顺序执行的，此时算法的执行顺序即为语句的书写顺序。

② 选择结构。在程序设计中会遇到这样的情况：下面该做什么不是绝对的，而是根据条件，有时这样，有时那样。这种根据条件选择执行的结构称为分支结构，是根据给定的条件，选择执行多个分支中的一个分支的算法结构，在选择结构中，必然包括一个判断条件的操作。

③ 循环结构。在程序设计中会遇到这样的情况，有些语句只做一遍解决不了问题，需要反复执行若干次才能完成任务，这种重复执行结构又称循环结构。它根据给定条件，判断是否重复执行某一组操作。

(3) 程序基本构成。为实现某一功能，必须书写程序，而程序的功能由一条语句一般难以实现，通常是由若干条语句共同实现，多条语句共同合作以完成一个完整的功能。一般情况下，一个完整的程序应该包含 4 个部分：

① 说明部分：说明程序中使用的变量的类型、初始值、特性等。

② 输入部分：输入程序中需要处理的原始数据。

③ 加工部分：对程序中的数据按需要进行加工和处理。

④ 输出部分：将结果以某种形式进行输出。

3．实验内容

【实例 10】编写程序，程序运行效果如图 2-15 所示。

实例分析：在窗体上建立 4 个按钮和 1 个文本框，设置其属性。程序运行时，首先在文本框中选中文本，单击按钮1，复制选中文本；单击按钮2，剪切选中文本；单击按钮3，粘贴选中文本；单击按钮4，结束程序运行。

操作步骤：

(1) 建立程序窗体，添加控件。进入 VB 环境，建立窗体。单击工具箱中的按钮图标并在窗体上画出 4 个按钮，分别为 Command1、Command2、Command3 和 Command4。单击工具箱中的文本框图标并在窗体上画出一个文本框。根据需要调整各个对象的大小和位置。

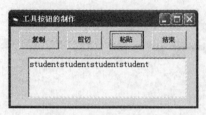

图 2-15   程序运行效果

(2) 设置各相关控件的属性，如表 2-10 所示。

表 2-10   各相关控件的属性设置

控件名称	属　　性	属性值	备　　注
Form1	Caption	工具按钮的制作	窗体的标题
Text1	Text		清空
Command1	Caption	复制	按钮的标题
Command2	Caption	剪切	按钮的标题
Command3	Caption	粘贴	按钮的标题
Command4	Caption	结束	按钮的标题

(3) 编写相关控件的事件代码，如代码 2-13、代码 2-14 和代码 2-15 所示。

代码 2-13

```
'strTemp为文本框中的字符串，selTemp为选中的字符串
Dim strTemp As String, selTemp As String
Private Sub Command1_Click()          '定义按钮1单击事件过程
 If Text1.SelLength = 0 Then          '如果没有选中字符
   Exit Sub                           '结束
 Else
   strTemp = CStr(Text1.Text)         '取文本框中的字符
   If Text1.SelStart = 0 Then         '如果从0位置开始选择
    selTemp = Left(strTemp, Text1.SelLength)
   Else                               '取字符串左边的字符
    selTemp = Mid(strTemp, Text1.SelStart + 1, _
          Text1.SelLength)
   End If                             '取字符串中间的字符
 End If
End Sub
```

代码 2-14

```
Private Sub Command2_Click()          '定义按钮2单击事件过程
 If Text1.SelLength = 0 Then          '如果没有选中字符
   Exit Sub                           '结束
 Else
   strTemp = CStr(Text1.Text)
   If Text1.SelStart = 0 Then
    selTemp = Left(strTemp, Text1.SelLength)
   Else
    selTemp = Mid(strTemp, Text1.SelStart + 1, _
          Text1.SelLength)
   End If
   Text1.Text = Left(Text1.Text, Text1.SelStart) _
            + Right(Text1.Text, Len(Text1.Text) _
            - Text1.SelStart - Len(selTemp))
   '取字符串左边的字符连接字符串右边的字符
 End If
End Sub
```

代码 2-15

```
Private Sub Command3_Click()          '定义按钮3单击事件过程
 Text1.Text = Left(Text1.Text, Text1.SelStart) _
            + selTemp + Right(Text1.Text, _
            Len(Text1.Text) - Text1.SelStart)
     '取字符串左边的字符连接选中字符再连接字符串右边的字符
End Sub
Private Sub Command4_Click()          '定义按钮4单击事件过程
    End                                '结束
End Sub
```

SelStart：为文本框中选取字符的起始位置，首位置为 0。

SelLength：为文本框中选取字符串的长度。

在程序中，strTemp 代表文本框中的字符串，selTemp 代表选中的字符串。程序首先判断选取的字符串长度，如选取的字符串长度为 0，说明没有选取，则结束程序的运行；如选取的字符串长度为非 0，说明选取了字符，则根据选取的字符串的位置(是否从最左边开始)决定取最左边或中间的字符，并将选中字符串存于 selTemp 中。然后利用 Left()、Right() 与 Mid() 函数重新拼接新的字符串，仍然显示在文本框 1 中。

(4) 保存窗体文件，命名为"实例 10.frm"；保存工程文件，命名为"实例 10.vbp。"

(5) 运行程序，使用"运行"菜单中的"启动"命令，或按 F5 键，或单击工具栏上的"启动"按钮▶，结果如图 2-15 所示。

【实例 11】计算三角形的面积，要求考虑各种情况，程序运行效果如图 2-16 所示。

实例分析：在窗体上建立 5 个标签、5 个文本框和 2 个按钮，设置其属性。程序运行时，单击按钮 1，根据 3 个文本框的数据计算三角形的面积；单击按钮 2，结束程序运行。

操作步骤：

(1) 建立程序窗体，添加控件。进入 VB 环境，建立窗体。单击工具箱中的按钮图标并在窗体上画出按钮 Command1 与 Command2。单击工具箱中的文本框图标并在窗体上画出 5 个文本框。单击工具箱中的标签图标并在窗体上画出 5 个标签。根据需要调整各个对象的大小和位置。

(2) 设置各控件对象的属性，如表 2-11 所示。

表 2-11　各控件的属性及其值

控件名称	属　　性	属性值	备　　注
Form1	Caption	三角形面积的计算	窗体的标题
Text1			
Text2			
Text3	Text		清空
Text4			用于输入和显示数据
Text5			
Label1	Caption	第一条边	标签的标题
Label2	Caption	第二条边	标签的标题
Label3	Caption	第三条边	标签的标题
Label4	Caption	三角形为	标签的标题
Label5	Caption	面积是	标签的标题
Command1	Caption	计算面积	按钮的标题
Command2	Caption	结束	按钮的标题

(3) 编写相关事件代码，如代码 2-16 所示。

程序运行时，首先从文本框中采集 3 个数据。如可以构成三角形，则利用三角形面积计算公式来计算三角形的面积，并根据三条边的情况，判断组成的是等边三角形、等腰三角形或一般三角形；如不能构成三角形，则弹出提示信息框，如图 2-17 所示，提示信息，并清除数据，重新输入。

(4) 保存窗体文件，命名为"实例 11.frm"；保存工程文件，命名为"实例 11.vbp"。

(5) 运行程序，使用"运行"菜单中的"启动"命令，或按 F5 键，或单击工具栏上的"启动"按钮▶，结果如图 2-16 所示。

代码 2-16

```
Private Sub Command1_Click()
    Dim a!, b!, c!, t!, s!, k%
    a = Val(Text1.Text)
    b = Val(Text2.Text)
    c = Val(Text3.Text)                         '输入三条边
    If a + b > c And b + c > a And a + c > b Then
        t = (a + b + c) / 2                     '可以构成三角形
        s = Sqr(t * (t - a) * (t - b) * (t - c)) '计算面积
        Text5.Text = s
        If a = b And b = c Then
            Text4.Text = "这是等边三角形"        '判断三角形形状
        ElseIf a = b Or b = c Or a = c Then
            Text4.Text = "这是等腰三角形"
        Else
            Text4.Text = "这是一般三角形"
        End If
    Else                                        '不能构成三角形
        k = MsgBox("这3个数不能构成三角形，请重新输入！", _
            17, "警告")
        Text1.Text = "": Text2.Text = "": Text3.Text = ""
        Text1.SetFocus                          '清除文本框内容，锁定焦点
    End If
End Sub
Private Sub Command2_Click()
    End
End Sub
```

图 2-16　程序运行效果

图 2-17　提示信息

【实例 12】求一元二次方程的解，要求考虑各种情况，程序运行效果如图 2-18 所示。

实例分析：在窗体上建立 5 个标签、5 个文本框和 2 个按钮，设置其属性。程序运行时，单击按钮 1，根据 3 个文本框的数据求一元二次方程的解；单击按钮 2，结束程序运行。

操作步骤：

(1) 建立程序窗体，添加控件。进入 VB 环境，建立窗体。单击工具箱中的按钮图标并在窗体上画出按钮 Command1 与 Command2。单击工具箱中的文本框图标并在窗体上画出 5 个文本框。单击工具箱中的标签图标并在窗体上画出 5 个标签。然后根据需要调整各个对象的大小和位置。

(2) 设置各相关控件的属性，如表 2-12 所示。

(3) 编写相关控件的事件代码，如代码 2-17 所示。

程序运行时，首先从文本框中采集 3 个数据，分别赋给变量 a、b、c。计算 b^2-4ac 的值。根据计算结果分为 3 种情况：$b^2-4ac>0$ 时有一对实根；$b^2-4ac=0$ 时有一对相等实根；$b^2-4ac<0$ 时有一对复根。分别计算，并在相应的文本框中显示结果。

表 2-12   各相关控件的属性设置

控件名称	属　　性	属性值	备　　注
Form1	Caption	一元二次方程的根	窗体的标题
Text1 Text2 Text3 Text4 Text5	Text		清空 用于输入和显示数据
Label1	Caption	a	标签的标题
Label2	Caption	b	标签的标题
Label3	Caption	c	标签的标题
Label4	Caption	x1=	标签的标题
Label5	Caption	x2=	标签的标题
Command1	Caption	计算	按钮的标题
Command2	Caption	结束	按钮的标题

代码 2-17

```
Private Sub Command1_Click()
  Dim a!, b!, c!, x1!, x2!, t1!, t2!
  a = Val(Text1.Text)              '取变量a的值
  b = Val(Text2.Text)              '取变量b的值
  c = Val(Text3.Text)              '取变量c的值
  t1 = b * b - 4 * a * c
  If t1 > 0 Then                   '大于0，有一对实根
    t2 = Sqr(t1)
    x1 = (-b + t2) / (2 * a)
    x2 = (-b - t2) / (2 * a)
    Text4.Text = x1: Text5.Text = x2 '显示一对实根
  ElseIf t1 < 0 Then               '小于0，有一对复根
    t2 = Sqr(-t1)
    x1 = -b / (2 * a)
    x2 = t2 / (2 * a)
    Text4.Text = x1 & "+" & x2 & "i"
    Text5.Text = x1 & "-" & x2 & "i" '显示一对复根
  Else                             '等于0，有一对相等实根
    x1 = -b / (2 * a)
    x2 = -b / (2 * a)
    Text4.Text = x1: Text5.Text = x2 '显示相等实根
  End If
End Sub
Private Sub Command2_Click()
  End
End Sub
```

图 2-18   应用程序运行效果

(4) 保存窗体文件，命名为"实例 12.frm"；保存工程文件，命名为"实例 12.vbp"。

(5) 运行程序，使用"运行"菜单中的"启动"命令，或按 F5 键，或单击工具栏上的"启动"按钮▶，结果如图 2-18 所示。

【实例 13】打印菱形图案，程序运行效果如图 2-19 所示。

实例分析：本程序将菱形图案分解为上、下两个部分。利用两个双循环：第 1 个双循环打印上部分；第 2 个双循环打印下部分。每个双循环中有两个并列的循环，前面一个负责先打印一定数量的空格，后面一个负责打印一定数量的星号*。

操作步骤：

(1) 建立程序窗体，添加控件。进入 VB 环境并建立窗体。

(2) 设置窗体 Form1 的 Caption 属性值为"打印几何图形"。

(3) 编写相关事件代码，如代码 2-18 所示。

(4) 保存窗体文件，命名为"实例 13.frm"；保存工程文件，命名为"实例 13.vbp"。

(5) 运行程序，使用"运行"菜单中的"启动"命令，或按 F5 键，或单击工具栏上的"启动"按钮▶，结果如图 2-19 所示。

代码 2-18

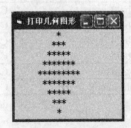

图 2-19　程序运行效果

```
'定义窗体单击事件过程
Private Sub Form_click()
  Dim i%, j%
  For i = 1 To 5              '外循环5次，打印5行
    For j = 10 - i To 1 Step -1   '内循环打印空格
      Print " ";
    Next j
    For j = 1 To 2 * i - 1     '内循环打印*
      Print "*";
    Next j
    Print                      '换行
  Next i
  For i = 4 To 1 Step -1       '外循环4次，打印4行
    For j = 1 To 10 - i        '内循环打印空格
      Print " ";
    Next j
    For j = 1 To 2 * i - 1     '内循环打印*
      Print "*";
    Next j
    Print                      '换行
  Next i
End Sub
```

【实例 14】求圆周率 π 的值，程序运行效果如图 2-20 所示。

实例分析：圆周率的计算公式为：$\dfrac{\pi}{4}=1-\dfrac{1}{3}+\dfrac{1}{5}-\dfrac{1}{7}\cdots$

根据此公式在程序中利用一个单循环进行累加，利用 t=t*(-1)实现正、负的交替变换。根据程序的执行结果可以看出：随着计算项数 n 的增加，结果的精度也在增加，

操作步骤：

(1) 建立程序窗体，添加控件。打开 VB，建立窗体。单击工具箱中的按钮图标并在窗体上画出按钮 Command1 与 Command2。单击工具箱中的文本框图标并在窗体上画出 2 个文本框。然后单击工具箱中的标签图标，并在窗体上画出 2 个标签。根据需要调整各个对象的大小和位置。

(2) 设置各相关控件的属性，如表 2-13 所示。

(3) 编写相关事件代码，如代码 2-19 所示。

(4) 保存窗体文件，命名为"实例 14.frm"；保存工程文件，命名为"实例 14.vbp"；

(5) 运行程序，使用"运行"菜单中的"启动"命令，或按 F5 键，或单击工具栏上的"启动"按钮▶，结果如图 2-20 所示。

(a)

(b)

(c)

图 2-20　程序运行效果

表 2-13　各相关控件的属性设置

控件名称	属　　性	属性值	备　　注
Form1	Caption	计算圆周率Π	窗体的标题
Text1	Text	空	用于输入数据
Text2	Text	空	用于显示数据
Label1	Caption	n 的值	标签的标题
Label2	Caption	π 的值	标签的标题
Command1	Caption	计算	按钮的标题
Command2	Caption	结束	按钮的标题

代码 2-19

```
Private Sub Command1_Click()        '定义按钮1单击事件过程
Dim i%, n%, t%, s!
  n = Val(Text1.Text)               '取文本框的值作为项数
  t = -1
  s = 0
  For i = 1 To n                    '进行n次的循环
   t = t * (-1)                     '用于实现正、负的交替变换
   s = s + t / (2 * i - 1)          '进行累加
  Next i
  s = 4 * s
  Text2.Text = s                    '输出结果
End Sub
Private Sub Command2_Click()
  End
End Sub
```

【实例 15】水仙花数，程序运行效果如图 2-21 所示。

实例分析：水仙花数是一个 3 位数，其百位^3+十位^3+个位^{3}等于其本身。在程序中利用循环遍历可能的 3 位数，对每一个 3 位数分解出百位、十位、个位，并进行比较，将满足条件的打印。

操作步骤：

(1) 在 VB 环境中建立工程、窗体，添加控件。

(2) 设置窗体 Form1 的 Caption 属性值为"水仙花数"。

(3) 编写相关控件的事件代码，如代码 2-20 所示。

(4) 保存窗体文件，命名为"实例 15.frm"；保存工程文件，命名为"实例 15.vbp"。

(5) 运行程序，使用"运行"菜单中的"启动"命令，或按 F5 键，或单击工具栏上的"启动"按钮▶，结果如图 2-21 所示。

代码 2-20

```
Private Sub Form_click()
    Dim i%, a%, b%, c%, k%
    For i = 100 To 999            '循环遍历所有3位数
        a = i \ 100              '分解百位
        b = (i Mod 100) \ 10     '分解十位
        c = i Mod 10             '分解个位
        If i = a ^ 3 + b ^ 3 + c ^ 3 Then   '进行比较
            k = k + 1            '统计个数
            Print i              '输出
        End If
    Next i
    Print "共有"; k; "个"
End Sub
```

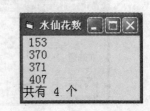

图 2-21　应用程序运行效果

4. 实验思考

(1) 编程序打印一个沙漏图案。

(2) 如在循环进行中改变了循环变量的值，循环可否正常执行？编程序验证自己的判断。

实验 4　常用控件的使用

1. 实验目的

(1) 掌握了图片框、图像框、选项按钮、复选框、框架、滚动条、列表框、组合框、时钟控件的常用属性、基本方法和主要事件。

(2) 掌握常用控件的事件过程代码的编写，熟悉 VB 中设置焦点的方法。

(3) 了解多媒体控件和 Active X 控件，掌握多媒体控件和简单的 Active X 控件的设计。

2. 实验预备知识

(1) 图片框(PictureBox)。图片框控件的主要属性有：

① Picture 属性：存储要在图片框中显示的图形，可在设计时从属性窗口或在运行时通过 LoadPicture()函数来设置。

② AutoSize 属性：决定是否调整图片框大小以适应图形尺寸。其值可取 True 或 False。

(2) 图像框(Image)。图像框只用于显示图形，其主要属性有：

① Picture 属性：同图片框的属性功能。

② Stretch 属性：决定图形是否自动调整大小以适应图像框控件。其值可取 True 或 False。

(3) 选项按钮(OptionButton)。选项按钮是一组相互排斥的按钮，一组中只能有一个选项按钮处于被选中状态。该控件的主要属性是 Value，为逻辑值。当其值为 True 时，表示该控件被选中；当其值为 False 时，表示该控件未被选中。

(4) 复选框(CheckBox)。其功能与选项按钮控件相似，但可以同时选择任意数量的复选框控件。其主要属性是 Value，其值可为 0、1、2，可在设计状态下设置，也可在运行时通过程序代码更改。当其值为 0(缺省值)表示没有选定该控件；为 1 表示已选定；为 2 表示该控件无效(变灰)。

(5) 框架控件。框架是一种"容器"，主要用于窗体中对象的归类(如将选项按钮分组)。其主要属性为 Caption，标明框架的名称。当该属性值为空时，框架表现为一个矩形框，可作为窗体上的修饰图形。

(6) 滚动条控件 ScrollBar。滚动条有两种：水平滚动条和垂直滚动条。其主要属性有：

① Value 属性：滚动条滑块所处位置对应的值。

② Min 属性：滚动条 Value 属性值变化范围的最小值。

③ Max 属性：滚动条 Value 属性值变化范围的最大值。

④ SmallChange 属性：鼠标点击滚动条两端箭头按钮，Value 属性增减变化的幅度值。

⑤ LargeChange 属性：鼠标点击滚动条滑块两边空白处，Value 属性增减变化的幅度值。

(7) 列表框(ListBox)。列表框(ListBox)控件用于列出选项，以供用户选择。其主要属性有：

① List(i)属性：该属性用来返回指定位置 i 表项的内容。

② Multiselect 属性：该属性用于设置一次可以选择列表的项数，其值可取 0、1 和 2。取 0 表示每次只能选择一项；取 1 表示可同时选择多个项；取 2 表示通过 Shift 键配合可以选择连续多个列表项。

③ Selected(i)属性：该属性为一个数组，每个元素与列表框中的一项对应。当其值为 True 时，表示该项被选择；如为 False，则表示该项未被选择。

④ ListCount 属性：该属性返回的是列表框所拥有列表项的数目。

⑤ ListIndex 属性：该属性返回被选中列表项的索引号，数值范围为 0~ListCount−1，当其值为−1 时，表示没有列表项被选中。

⑥ Text 属性：该属性为列表框控件的默认属性值，返回列表框中被选中列表项的内容。

(8) 组合框(ComboBox)。组合框控件是组合列表框和文本框两者结合而成的控件，其主要属性除了与以上列表框所拥有的属性相同外，还有 Style 属性，该属性决定组合框的形式及能响应的事件。该属性可设置为 0、1、2。只有简单组合框(Style 属性值为 1)，才能接收 DblClick 事件，其他两种组合框只能接收 Click 事件和 Dropdown 事件。对于下拉式组合框(Style 属性值为 0)和简单组合框，用户还可以在编辑区输入文本，输入文本时可以接收 Change 事件。当用户选择列表项后，可读取组合框的 Text 属性。

(9) 时钟控件(Timer)。在程序运行阶段，时钟控件不可见。其主要属性有：

① Interval 属性：该属性值以毫秒为单位，指定 Timer 事件之间的间隔，最大值为 65 535，当其值设置为 0 或负数，都可使时钟控件失效，取消计时。

② Enabled 属性：该属性为时钟控件默认值属性，主要用于启动或取消时钟控件工作，当其值被设置为 True，且 Interval 属性值大于 0 时，时钟控件工作；当其值被设置为 False 时，时钟控件停止工作。

(10) ActiveX 控件。使用 ActiveX 控件首先要选择"工程\部件"命令，在弹出的"部件"对话框中选中所需的 ActiveX 控件，按"确定"按钮后就可将 ActiveX 控件添加到工具箱中，用户可像使用其他标准控件一样使用添加此 ActiveX 控件。

3. 实验内容

【实例 16】图片框、图像框、单选按钮、复选框和框架的综合应用。要求窗体加载时为图片框和图像框装载图片，如图 2-22 所示；用框架对窗体上的单选按钮进行分组；用单选按钮改变图片框和图像框的大小；用复选框指定图片框是否自动改变大小以显示全部图形，图像框是否缩放图形以适应控件大小。

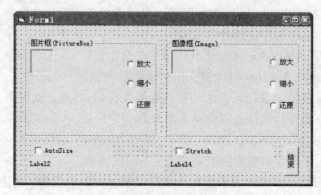

图 2-22 程序设计界面

实例分析：根据题目要求，可用框架控件在窗体上划分两个区域：图片框区域和图像框区域。在图片框区域中添加 1 个图片框控件和 3 个单选按钮控件，在图像框区域添加 1 个图像框控件和 3 个单选按钮控件。3 个单选按钮控件用来分别控制"放大"、"缩小"和"还原"操作。在窗体上添加 2 个复选框控件以指定图片框的 AutoSize 属性和图像框的 Stretch 属性。另外，还可通过添加几个标签控件以说明图片框或图像框当前装载图形的特性。

操作步骤：

(1) 在磁盘上建立名为"实例 16"文件夹，将需要装载的图形文件 Beany.bmp 放入其中。

(2) 在 VB 环境中创建工程、窗体。在窗体上添加 2 个框架，然后在 2 个框架内分别添加 1 个图片框、3 个单选按钮和 1 个图像框、3 个单选按钮。然后在窗体上再添加 2 个复选框控件、4 个标签控件和 1 个命令按钮控件，各控件的位置如图 2-22 所示。

(3) 设置相关控件的属性，如表 2-14 所示。

表 2-14 各相关控件的属性设置

控件名称	属性名	属性值
Fram1	Caption	图片框(PictureBox)
Fram2	Caption	图像框(Image)
Check1	Caption	AutoSize
Check2	Caption	Stretch
Option1	Caption	放大
Option2	Caption	缩小
Option3	Caption	还原
Option4	Caption	放大
Option5	Caption	缩小
Option6	Caption	还原
Command1	Caption	结束

(4) 编写相关控件的事件代码, 如代码 2-21、代码 2-22、代码 2-23 和代码 2-24 所示。

(5) 保存工程、窗体文件到 "实例 16" 文件中。

(6) 按 F5 功能键, 运行程序, 如图 2-23 所示; 观察程序运行效果, 如图 2-24 所示。

代码 2-21

```
Option Explicit
Dim picw%, pich%      '设置保存原始图片框尺寸变量
Dim imaw%, imah%      '设置保存原始图像框尺寸变量
Private Sub Form_Load()
    '分别用LoadPicture()函数为图片框和图像框装载图形
    Picture1.Picture = LoadPicture(App.Path + "\beany.bmp")
    Image1.Picture = LoadPicture(App.Path + "\beany.bmp")
    Picture1.AutoSize = True      '设置图片框自动调整大小以适应图形
    Check1.Value = 1              '设置复选框1为选中状态
    Image1.Stretch = True         '设置图形大小自动适应图像框
    Check2.Value = 1              '设置复选框2为选中状态
    picw = Picture1.Width         '保存图片框的原始宽度
    pich = Picture1.Height        '保存图片框的原始高度
    imaw = Image1.Width           '保存图像框的原始宽度
    imah = Image1.Height          '保存图像框的原始高度
    Label1 = "图片框自动改变大小以适应图形"
    Label2 = "图片框大小的改变与图形无关"
    Label3 = "图形自动缩放以适应图像框大小"
    Label4 = "图像框改变大小时图形维持原状"
    Label2.Left = Label1.Left     '设置标签1和标签2位置重合
    Label2.Top = Label1.Top
    Label3.Left = Label4.Left     '设置标签3和标签4位置重合
    Label3.Top = Label4.Top
End Sub
```

代码 2-22

```
Private Sub Check1_Click()
    Dim blnv As Boolean           '定义一逻辑变量
    blnv = Check1.Value           '保存复选框1状态值
    Picture1.AutoSize = blnv      '图片框的AutoSize属性值取决于复选框1的状态值
    Check1.Caption = "AutoSize=" & blnv   '设置复选框1的标题内容
    Label1.Visible = blnv         '标签1是否可见同复选框1状态值
    Label2.Visible = Not blnv     '标签2是否可见与复选框2状态值相反
End Sub
Private Sub Check2_Click()
    Dim blnv As Boolean
    blnv = Check2.Value
    Image1.Stretch = blnv
    Check2.Caption = "Stretch=" & blnv
    Label3.Visible = blnv
    Label4.Visible = Not blnv
End Sub
Private Sub Command1_Click()
    End
End Sub
```

代码 2-23

```
Private Sub Option1_Click()
    ' Picture1.AutoSize = Check1.Value
    Picture1.Width = picw * 2     '将图片框尺寸设置为原始尺寸的2倍
    Picture1.Height = pich * 2
    Picture1.AutoSize = Check1.Value   '设置图片框的AutoSize属性值
End Sub
Private Sub Option2_Click()
    ' Picture1.AutoSize = Check1.Value
    Picture1.Width = picw / 2     '将图片框尺寸设置为原始尺寸的一半
    Picture1.Height = pich / 2
    Picture1.AutoSize = Check1.Value
```

```
End Sub
Private Sub Option3_Click()
    '   Picture1.AutoSize = Check1.Value
    Picture1.Width = picw            '将图片框尺寸设置为原始尺寸
    Picture1.Height = pich
    Picture1.AutoSize = Check1.Value
End Sub
```

代码 2-24

```
Private Sub Option4_Click()
    Image1.Stretch = Check2.Value   '设置图像框的Stretch属性值为复选框2的状态值
    Image1.Width = imaw * 2         '将图像框尺寸设置为原始尺寸的2倍
    Image1.Height = imah * 2
End Sub
Private Sub Option5_Click()
    Image1.Stretch = Check2.Value
    Image1.Width = imaw / 2          '将图像框尺寸设置为原始尺寸的一半
    Image1.Height = imah / 2
End Sub
Private Sub Option6_Click()
    Image1.Stretch = Check2.Value
    Image1.Width = imaw              '将图像框尺寸设置为原始尺寸
    Image1.Height = imah
End Sub
```

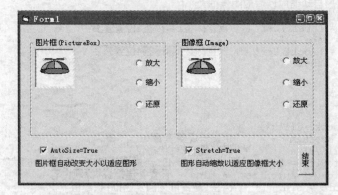

图 2-23 程序运行初始状态

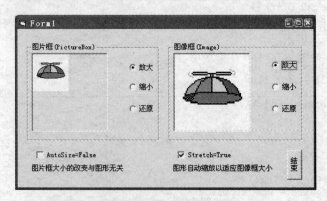

图 2-24 程序运行中某一状态

【实例 17】创建一个学生选课应用程序。要求学生可在"课程列表"列表框中用鼠标和键盘选择一门或多门课程。点击"添加课程"按钮，将选中的课程一次性地添加到"学生所选课程"列表框中，并在"课程列表"列表框中清除被添加到"学生所选课程"列表框中的课程；也可点击"添加全部"按钮，将"课程列表"列表框中的全部课程一次性地全部添加到"学生所选课程"列表框中。反之，对"学生所选课程"列表框中的课程项也可通过"删除课程"或"删除全部"按钮进行相应地操作。

实例分析：根据题目要求，在窗体上设计 2 个列表框和 4 个命令按钮控件。左边列表框作为"课程列表"，存放被学生挑选的选修课程(可在窗体的 Load 事件中用列表框的 AddItem 方法将课程名称载入)，右边列表框用于存放被学生选中的课程。由于允许在列表框中通过鼠标和键盘一次可选中多门课程，可设计左边列表框为标准样式(Style=0)，其 MultiSelect 属性值为 2。设计右边列表框为复选框样式(Style=1)，其 MutilSelect 属性值保持为 0，也可满足一次选中多门课程。从运行效果图可以看出，在程序运行过程中，学生可以从课程列表中选中某一门课程，然后点击"添加课程"按钮，将其添加到学生所选课程列表中，并同时从课程列表中将该门课程删除。若需选择课程列表中所有课程，可直接点击"添加全部"按钮，届时，课程列表中所有课程都被添加到学生所选课程列表中。同时，课程列表中的课程将被全部删除。若对已被选择到学生所选课程列表中的某一课程有异议，可用鼠标选定此课程，再点击"删除课程"按钮，就可将此课程从学生所选课程列表中删除，并同时添加回课程列表中。若希望删除学生所选课程列表中全部课程，重新从课程列表中选择，可直接点击"删除全部"按钮，清除学生所选课程列表中的所有课程，并添加回课程列表中。

程序运行初始，课程列表中的课程数据可以在设计阶段通过列表框的 List 属性输入设置，也可以在窗体 Form 的 Load 事件中，用代码通过列表框的 AddItem 方法添加。

操作步骤：

(1) 在 VB 环境中建立工程、窗体，在窗体上添加 2 个标签控件、2 个列表框控件和 4 个命令按钮控件。

(2) 设置各相关控件的属性，如表 2-15 所示。

(3) 编写各相关控件的事件代码，如代码 2-25、代码 2-26 和代码 2-27 所示。

(4) 按 F5 功能键，运行程序，程序运行效果如图 2-25 所示。

表 2-15　各相关控件的属性设置

控件名称	属性名	属性值	说　明
Label1	Caption	课程列表	
Label2	Caption	学生所选课程	
List1	MutilSelect	2	扩展多选
	Style	0	标准样式
List2	Style	1	复选框样式
Command1	Caption	添加课程 >	
Command2	Caption	添加全部 >>	
Command3	Caption	删除课程 <	
Command4	Caption	删除全部 <<	

代码 2-25

```
Private Sub Form_Load()
    List1.AddItem "软件技术基础"          '在List1列表框中添加列表项
    List1.AddItem "计算机方法"
    List1.AddItem "系统分析基础"
    List1.AddItem "C语言程序设计"
    List1.AddItem "Visual Foxpro程序设计"
    List1.AddItem "数值计算与程序"
```

```
        List1.AddItem "数学建模"
        List1.AddItem "计算机网络"
        List1.AddItem "工业造型概论"
        List1.AddItem "机械工程试验技术"
        List1.AddItem "营销学"
        List1.AddItem "机器人学"
        List1.AddItem "人机工程学"
        List1.AddItem "多媒体与网页设计"
        List1.AddItem "计算机绘图"
        List1.AddItem "计算机辅助设计"
        List1.AddItem "三维动画设计"
        List1.AddItem "产品造型设计"
        List1.AddItem "工程数据库及应用"
        List1.AddItem "量子力学"
        List1.AddItem "现代科技写作"
        List1.AddItem "21世纪新材料概论"
        List1.AddItem "音乐鉴赏"
    End Sub
```

代码 2-26

```
    Private Sub Command1_Click()
        Dim i%                    '定义循环变量
        '判断ListIndex属性值如为-1，表示当前没有列表项被选中
        If List1.ListIndex < 0 Then
            MsgBox "在课程列表中必须有选中的课程项!"
            Exit Sub              '结束此按钮的Click事件
        Else
            '从列表项的最后一项循环到第一项
            For i = List1.ListCount - 1 To 0 Step -1
                If List1.Selected(i) Then        '判断当前项是否被选中
                  List2.AddItem List1.List(i)  '在List2中添加List1控件中选中的列表项
                  List1.RemoveItem i           '在List1中删除索引号为i的列表项
                End If
            Next i
        End If
    End Sub
    Private Sub Command2_Click()
        If List1.ListCount = 0 Then        '判断List1列表框中是否有列表项
            MsgBox "课程列表中必须有课程项!!"
            Exit Sub                       '结束此按钮的Click事件
        End If
        Do While List1.ListCount > 0       '当List1列表框中有列表项时执行循环
            List2.AddItem List1.List(0)    '在List2中添加List1中的第一个列表项
            List1.RemoveItem 0             '在List1列表框中删除第一个列表项
        Loop
    End Sub
```

代码 2-27

```
    Private Sub Command3_Click()
        If List2.ListCount = 0 Then
            MsgBox "学生所选课程列表中必须有课程项!!"
            Exit Sub
        Else
            For i = List2.ListCount - 1 To 0 Step -1
                If List2.Selected(i) Then
                    List1.AddItem List2.List(i)
                    List2.RemoveItem i
                End If
            Next i
        End If
    End Sub
    Private Sub Command4_Click()
        If List2.ListIndex < 0 Then
            MsgBox "在学生所选课程列表中必须有选中的课程项!"
            Exit Sub
```

```
    End If
    Do While List2.ListCount > 0
        List1.AddItem List2.List(0)
        List2.RemoveItem 0
    Loop
End Sub
```

图 2-25 学生选课运行效果

【实例 18】设计一个定时器，要求：定时时间不超过 60min；设定完时间后，点击"开始"按钮，屏幕开始动态显示剩余的时间；在剩余时间未结束前，还可通过点击"停止"按钮，暂停剩余时间的变化；再点击"继续"按钮，剩余时间又动态显示变化；当到达设定时间时，系统响铃 3 次，时间停止变化。另外，通过"重置"按钮可以重新设定定时时间，可用作不同时间段的定时器。

实例分析： 根据题目要求，窗体上显示的是剩余时间的动态变化，而不是系统时间的动态变化，且定时时间长达几十分钟，因此，仅靠时钟控件自身的功能或系统时间函数 Time() 难以实。该题应使用 VB 提供的另一个时间函数 Timer()，该时间函数将返回当天自午夜 0 点开始到现在经过的秒数。在程序设计中，用一个变量保存点击"开始"按钮时 Timer() 函数返回的时间秒数，并同时启动时钟控件。在每个 Timer 事件中都通过 Timer() 函数返回的秒数与保存在变量中的秒数相减，将所求之差转变成分、秒时间，再根据设定的定时时间可算出剩余时间在屏幕上显示。当剩余时间为 0 时，关闭时钟控件，时间变化停止，并用循环语句让系统响铃三次。

操作步骤：

(1) 在 VB 环境中创建工程、窗体，在窗体上添加 1 个时钟控件、1 个文本框、2 个标签和 4 个命令按钮控件，设计界面如图 2-26 所示。

(2) 设置各相关控件的属性，如表 2-16 所示。

(3) 编写各相关控件的事件代码，如代码 2-28、代码 2-29、代码 2-30 和代码 2-31 所示。

图 2-26 程序设计界面

(4) 保存工程文件，命名为"实例 18.vbp"，保存窗体文件，命名为"实例 18.frm"。

(5) 按 F5 功能键运行程序。在文本框中输入定时时间，点击"开始"按钮，观察剩余时间的变化。分别点击"暂停"、"继续"及"重置"按钮，观察对剩余时间变化的影响。

表 2-16　各相关控件的属性设置

控件名称	属性名	属性值	说　明
Label1	Caption	00:00	标签标题
	Fontname	Rockwell Extra Bold	英文数字字体
	FontSize	36	设置字体尺寸
	ForeColor	&H008080FF&	设置字体颜色
Label2	Caption	min(<60)	标签标题
Text1	Text		清空
Timer1	Interval	20	Timer 事件触发间隔
	Enabled	False	暂时失效
Command1	Caption	开始	标题
Command2	Caption	停止	标题
Command3	Caption	重置	标题
Command4	Caption	退出	标题

代码 2-28

```
Option Explicit
Dim t0!, tt!, t3!, t4!        '设定保存时间函数返回秒数的变量
Dim t1%, t2%, min%, sec%, i%
Private Sub Form_Load()
    Command2.Enabled = False       '置此控件初始状态为禁止操作
End Sub
Private Sub Text1_Validate(Cancel As Boolean)
    If Val(Text1) > 60 Then          '判断此文本框中值是否大于60
        MsgBox ("定时时间超出范围，请重新设置!")
        Text1 = ""           '置空
        Cancel = True        '将此参数设置为True,可阻止焦点离开此控件
    End If
End Sub
```

代码 2-29

```
Private Sub Command2_Click()
    If Command2.Caption = "暂停" Then
        Command2.Caption = "继续"     '根据判断改变按钮标题显示
        Timer1.Enabled = False        '关闭时钟控件
        Command3.Enabled = True       '允许对此控件操作
        Command4.Enabled = True
        t3 = Timer()                  '记下暂停开始时刻
    Else
        Command2.Caption = "暂停"
        Timer1.Enabled = True         '启动时钟控件工作
        Command3.Enabled = False      '禁止对此控件操作
        Command4.Enabled = False
        t3 = Timer() - t3             '求出此次暂停时间
        t4 = t4 + t3                  '累计各次暂停时间
    End If
End Sub
Private Sub Command3_Click()
    Text1.Locked = False          '撤消对文本框的锁定
    Command2.Enabled = False
    Command2.Caption = "暂停"
    Command1.Enabled = True
    Label1 = "00:00"              '赋标签初值
    Text1 = ""                    '清空文本框内容
    Text1.SetFocus               '置焦点于文本框上
End Sub
Private Sub Command4_Click()
    End                           '结束程序运行
End Sub
```

代码 2-30

```
Private Sub Command1_Click()
    If Val(Text1) = 0 Then          '判断如果没有设定定时时间，给出提示，重新设定
        MsgBox ("没有设置定时时间，请设置!")
        Text1.SetFocus
        Exit Sub
    End If
    Command1.Enabled = False        '禁止对此控件操作
    Command2.Enabled = True         '允许对此控件操作
    Timer1.Enabled = True           '启动时钟控件
    Command3.Enabled = False
    Command4.Enabled = False
    Text1.Locked = True             '锁定文本框，禁止在文本框中编辑
    t0 = Timer()                    '保存此时自午夜已过的秒数
    min = Val(Text1)                '将字符转换成数字
    If min < 10 Then                '判断当分钟为1位数字时在前端添加一个0
        Label1 = "0" & min & ":00"
    Else
        Label1 = min & ":00"
    End If
End Sub
```

代码 2-31

```
Private Sub Timer1_Timer()
    If min = 0 And sec = 0 Then     '判断分钟和秒是否都为0
        Timer1.Enabled = False      '关闭时钟控件工作
        Label1 = "00:00"            '将标签值置初始值
        For i = 0 To 3              '循环语句响铃三次
            Beep
        Next i
        Command1.Enabled = True
        Command2.Enabled = False
        Command3.Enabled = True
        Command4.Enabled = True
        Exit Sub                    '结束此事件过程
    End If
    tt = Timer() - t0 - t4          '求出已过的总秒数
    t1 = tt \ 60                    '算出已过的分钟
    t2 = tt Mod 60                  '求出剩余的秒数
    min = Val(Text1) - t1 - 1       '求出要显示的分钟数
    sec = 60 - t2 - 1               '求出要显示的秒数
    '如果要显示的分钟数或秒数只是一位数，则在前面加一个0
    If min < 10 Then
        If sec < 10 Then
            Label1 = "0" & min & ":0" & sec
        Else
            Label1 = "0" & min & ":" & sec
        End If
    Else
        If sec < 10 Then
            Label1 = min & ":0" & sec
        Else
            Label1 = min & ":" & sec
        End If
    End If
End Sub
```

【实例 19】使用 ActiveX 控件设计一个播放多媒体文件的程序。

实例分析：在支持 VB 的 ActiveX 控件中，具有播放多媒体文件的控件很多，本题采用的 Windows Media Player 控件，该控件可以播放多种媒体文件。

使用 ActiveX 控件最大困难的是要掌握控件的三要素(属性、方法及事件)。VB 的标准控件可以通过 VB 在线帮助了解控件的三要素。在此题中，只需掌握 Windows Media Player 控

件的 Url 属性的使用。通过此属性，Windows Media Player 控件获取要打开的文件引用名，点击控件上的"播放"按钮，就可以播放媒体文件。要获取播放的媒体文件名称，可使用命令按钮调用 CommonDialog 控件的 FileName 属性，并使用 Fitle 属性设定显示不同类型的媒体文件以供选择播放。

操作步骤：

(1) 创建工程、窗体，选择"工程/部件"菜单项，在"部件"对话框的"控件"标签页中选中"Microsoft Common Control Dialog 6.0"和"Windows Media Player"前的复选框。单击"确定"按钮，在工具栏中出现 CommonDialog 控件和 Windows Media Player 控件。在窗体上添加 1 个 CommonDialog 控件、1 个 Windows Media Player 控件和 2 个命令按钮控件，如图 2-27 所示。

图 2-27   制作多媒体播放演示

(2) 设置相关控件的属性，如表 2-17 所示。

(3) 编写相关控件的事件代码(代码 2-32)。

(4) 保存工程文件、窗体文件。

(5) 按 F5 快捷键，运行程序。单击"打开"按钮，在弹出的"打开文件"对话框中选中多媒体文件后，单击"确定"按钮，而点击 WMPlayer1 控件上的播放按钮，即可开始播放多媒体文件。

表 2-17   各相关控件的属性设置

控件名称	属性名	属性值	说　　明
Command1	Caption	打开	
Command2	Caption	退出	
WMPlayer1	FullScareen	True	满屏播放视频
Form1	Caption	制作多媒体播放演示	

代码 2-32

```
Option Explicit
Private Sub Command1_Click()
    '设置显示文件过滤器
    CommonDialog1.Filter = "All Files|*.*|*.mp3|*.mp3" _
    & "*.mid;*.wav|*.mid;*.wav|*.avi|*.avi"
    CommonDialog1.Action = 1          '使用属性打开文件
    If CommonDialog1.FileName = "" Then   '判断是否选择文件
        MsgBox "没有选择播放文件，请重新选择!"
        Exit Sub
    End If
    WMPlayer1.URL = CommonDialog1.FileName   '将选择的文件赋于播放器
End Sub
Private Sub Command2_Click()
    WMPlayer1.Close   '播放器关闭
    End               '关闭窗体
End Sub
Private Sub Form_Load()
    WMPlayer1.Top = 0          '程序运行时，让播放器处理窗体坐标原点
    WMPlayer1.Left = 0
End Sub
    '在此事件中设置播放器尺寸随窗体大小改变而改变，命令按钮位置相对固定
Private Sub Form_Resize()
    WMPlayer1.Width = Me.Width
    WMPlayer1.Height = Me.Height - 400
    Command1.Left = Me.Width - 2200
```

```
    Command1.Top = Me.Height - 900
    Command2.Left = Me.Width - 1200
    Command2.Top = Me.Height - 900
End Sub
```

4．实验思考

(1) 在【实例 16】中，若将图片框的"放大"、"缩小"和"还原"单选按钮 Click 事件中的命令语句 Picture1.AutoSize = Check1.Value 从最后一句调到第一句，会影响程序运行结果吗？为什么？

(2) 在【实例 17】中，如希望对列表框中某一列表项双击，即可将该项从当前列表框中移到另一列表框中，应在哪一控件的什么事件中编写什么样的代码来实现这一功能？

(3) 在【实例 17】中的"添加课程"命令按钮的 Click 事件代码中，能否将循环语句 For i=List1.ListCount−1 To 0 Step−1 改变为 For i=0 to List1.ListCount−1？为什么？

(4) 在【实例 18】中，时钟控件的 Timer 事件代码中，求出已过的总秒数：

tt = Timer()−t0−t4

此处 t4 的值是什么？为什么要减 t4？若此处代码中不减 t4 对显示结果会有什么影响？

(5) 在【实例 18】的运行界面上，如何用一个 ProgressBar 控件表示剩余时间的百分比？

实验 5　数　　组

1．实验目的

(1) 熟练掌握数组的基本操作。

(2) 灵活应用动态数组。

(3) 掌握数组的常用算法。

(4) 掌握控件数组的使用方法。

(5) 掌握用户自定义类型的基本用法。

2．实验预备知识

(1) 数组的定义及引用。定义数组的一般格式为：

Dim　数组名(第一维说明 [，第二维说明]……) [As 类型名称]

引用数组元素的格式为：

数组名(下标)

(2) 数组下标界值的确定。要确定数组的下界值和上界值，可以使用 LBound 函数和 UBound 函数，其格式为：

LBound(数组名[，维])

UBound(数组名[，维])

(3) 动态数组的定义。为了能灵活的确定数组的大小与维数，可以声明动态数组，其格式如下：

Dim　数组名( ) As 类型　　　　　　　　'定义数组名

ReDim[Preserve]数组名(下标)　　　　　　'重定义数组大小

(4) 数组元素的输入。数组元素的输入是指将数据送入内存中，赋给数组中的各个元素。一般采用以下几种方法。

① 在循环结构中用 InputBox 函数或将控件的属性值给数组元素赋值。

② 用数组名直接赋值。

③ 用 Array 函数给数组元素赋值。

格式：

数组变量名=Array(数组元素值)

(5) 数组元素的输出：

① 用 Print 方法将数组元素的值输出到窗体上或图片框中。

② 用赋值语句将数组元素的值显示在标签、文本框中或其他控件上。

③ 用 For Each … Next 语句输出。

格式：

For Each 成员 in 数组

…

[Exit For]

…

Next [成员]

(6) 控件数组。一组完成类似功能且类型相同的控件，将它们组合起来，以控件的名称作为数组名，并给各个控件冠以不同的下标，所组成的数组，称之为控件数组。

(7) 用户自定义数据类型。在 VB 中，利用 Type 语句创建用户自定义数据类型。Type 语句的一般格式为：

[Public |Private] Type 自定义类型名

成员名 1 as 基本类型

成员名 2 as 基本类型

……

End Type

3．实验内容

【实例 20】假设一个班级有 10 个人，以 score 数组存放 1 门课程的成绩，num 数组存放学号，编写程序实现将成绩由高到低排序并输出。某门功课的考试成绩如表 2-18 所示。

表 2-18

学号	01	02	03	04	05	06	07	08	09	10
成绩	85	78	65	75	55	64	74	88	63	92

实例分析：根据题目要求，定义两个一维数组：num(字符型数组)和 score(整型数组)。先用 Array 函数给两个数组赋给定的数据，然后用选择排序法对 score 数组进行比较排序。特别注意当 score 数组元素需要交换时，num 数组也必须一起交换，以保持学号和成绩的一致性。

操作步骤：

(1) 建立程序窗体，添加控件。打开 VB，建立窗体。单击工具箱中的图片框图标，在窗体上画 2 个图片框。单击工具箱中的标签图标，在窗体上画出 2 个标签。单击工具箱中的按

钮图标，在窗体上画 1 个按钮。按照图 2-28 调整各
控件间的相对位置。

(2) 设置各控件的属性，如表 2-19 所示。

(3) 编写按钮 1 的事件代码，如代码 2-33 所示。

(4) 保存文件。保存窗体文件，命名为"实例
20.frm"；保存工程文件，命名为"实例 20.vbp"。

(5) 运行程序。使用菜单"运行/启动"命令，
或按 F5 键，或单击工具栏上的"启动"按钮▶，结
果如图 2-28 所示。

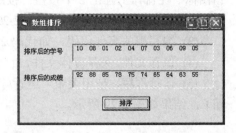

图 2-28 运行效果

表 2-19 各控件的属性设置

控件名称	属　性	属性值	备　注
Form1	Caption	数组排序	窗体的标题
Label1	Caption	排序后的学号	标签的标题
Label2	Caption	排序后的成绩	标签的标题
Command1	Caption	排序	按钮的标题
Picture1	FontSize	小五	字体大小
Picture2	FontSize	小五	字体大小

如代码 2-33

```
Option Base 1
Private Sub Command1_Click()
Dim score As Variant, num As Variant, i%, j%, t%, s$

'用给定的数据初始化两个数组
score = Array(85, 78, 65, 75, 55, 64, 74, 88, 63, 92)
num = Array("01", "02", "03", "04", "05", "06", "07", "08", "09", "10")

'根据成绩对两数组进行排序
For i = 1 To 9
  For j = i + 1 To 10
    If score(i) < score(j) Then
      t = score(i): score(i) = score(j): score(j) = t
      s = num(i): num(i) = num(j): num(j) = s
    End If
  Next j
Next i

'在图片框中输出排序后的两个数组
Picture1.Print Space(1);
For i = 1 To 10
  Picture1.Print num(i) + Space(2);
  Picture2.Print score(i);
Next i
End Sub
```

【实例 21】求一个 3×3 阶矩阵的三行中元素之和最大的那一行的数据并输出。

实例分析：根据题目要求，定义一个 3×3 的二维数组 a，用于存放输入的数据；再定义
一个一维数组 b，用于存放每行元素之和。求出一维数组 b 中的最大值及行号，分别存入变
量 sum 和 n 中。根据 n 变量中的值，打印出相应行的全部数据。

操作步骤：

(1) 建立程序窗体，添加控件。打开 VB，建立窗体。单击工具箱中的图片框图标，在窗
体上画 2 个图片框。单击工具箱中的标签图标，在窗体上画出 2 个标签。单击工具箱中的按

钮图标，在窗体上画出 2 个按钮。按照图 2-29 调整各控件间的相对位置。

(2) 设置各控件的属性，如表 2-20 所示。

(3) 编写相关事件代码，如代码 2-34 和代码 2-35 所示。

(4) 保存文件。保存窗体文件，命名为"实例 21.frm"；保存工程文件，命名为"实例 21.vbp"。

(5) 运行程序，使用菜单"运行/启动"命令，或按 F5 键，或单击工具栏上的"启动"按钮▶，结果如图 2-29 所示。

表 2-20   各控件的属性设置

控 件 名 称	属 性	属 性 值	备 注
Form1	Caption	求极值	窗体的标题
Label1	Caption	输入的数据	标签的标题
Label2	Caption	元素之和最大的行	标签的标题
Command1	Caption	输入	按钮的标题
Command2	Caption	计算	按钮的标题
Picture1	FontSize	四号	字体大小
Picture2	FontSize	四号	字体大小

代码 2-34

```
Option Base 1
Dim a%(3, 3), b%(3)                    '定义全局数组a和b
Dim i%, j%
Private Sub Command1_Click()           '按钮1的事件代码
For i = 1 To 3
  For j = 1 To 3          '输入9个数据，并在图片框1中显示
    a(i, j) = InputBox("请输入一个数")
    Picture1.Print a(i, j);
  Next j
    Picture1.Print
 Next i
End Sub
```

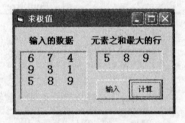

图 2-29   运行效果

代码 2-35

```
Private Sub Command2_Click()      '按钮2的事件代码
    Dim sum%, n%
     For i = 1 To 3
      For j = 1 To 3
       b(i) = b(i) + a(i, j)      '每行之和放入b数组中
      Next j
    Next i

    sum = b(1)                    '求b数组中的最大元素
    n = 1
    For i = 2 To 3
      If b(i) > sum Then
        sum = b(i)
        n = i
      End If
    Next i

    For j = 1 To 3        '在图片框2中显示和为最大的行
      Picture2.Print a(n, j);
    Next j
End Sub
```

【实例 22】用随机函数产生 100 个学生的成绩(1~100)，然后挑出其中的素数放到一维数组中，并将所有的素数按从小到大的顺序、每行 5 个数据的格式打印出来。

实例分析：由于素数的个数预先无法知道，故先定义一个动态一维数组，再假定数组大

小为 100。每求出一个素数，计数器 n 加 1 并将素数放入数组中，待所有素数个数确定之后，再重新定义数组的大小。最后对数组中的所有素数进行排序，按每行 5 个数据的格式输出。

操作步骤：

(1) 建立程序窗体，添加控件。打开 VB，建立窗体。单击工具箱中的图片框图标，在窗体上画 1 个图片框。单击工具箱中的按钮图标，在窗体上画 1 个按钮。按照图 2-30 调整各控件间的相对位置。

(2) 设置各控件的属性，如表 2-21 所示。

(3) 编写相关事件代码，如代码 2-36 所示。

(4) 保存文件。保存窗体文件，命名为"实例 22.frm"；保存工程文件，命名为"实例 22.vbp"。

(5) 运行程序。使用菜单"运行/启动"命令，或按 F5 键，或单击工具栏上的"启动"按钮▶，结果如图 2-30 所示。

图 2-30　运行效果

表 2-21　各控件的属性设置

控件名称	属　　性	属性值	备　　注
Form1	Caption	求素数	窗体的标题
Label1	Caption	显示随机素数	标签的标题
Command1	Caption	求素数	按钮的标题
Picture1	FontSize	小四	字体大小

代码 2-36

```
Option Base 1
Private Sub Command1_Click()
Dim a() As Integer, i%, j%, n%, t As Boolean, c%, x%
ReDim a(100) As Integer        '临时定义可调数组的大小
For i = 1 To 100
  x = Int(Rnd * 100 + 1)       '产生1-100之间的随机数
t = True
    For j = 2 To i - 1
      If x Mod j = 0 Then t = False: Exit For
    Next j
    If t = True Then
      n = n + 1                 '统计素数的个数
      a(n) = x                  '将素数放到一维数组中
    End If
  Next i

ReDim Preserve a(n) As Integer   '按素数的个数重新定义数组的大小

For i = 1 To n - 1              '对所有的素数进行排序
  For j = i + 1 To n
    If a(i) > a(j) Then
        c = a(i): a(i) = a(j): a(j) = c
    End If
    Next j
Next i

j = 0
 For i = 1 To n                '以每行5个数据的格式输出
   Picture1.Print a(i);
   j = j + 1
   If j = 5 Then j = 0: Picture1.Print
Next i
End Sub
```

【实例 23】利用命令按钮组对文本框实现各种样式的设置，如图 2-31 所示。

实例分析：设置 3 种样式，分别用来控制文本框的前景颜色、背景颜色、字体的字形及大小。设计一个具有 3 个按钮的控件数组，分别控制所设置的 3 种样式。

操作步骤：

(1) 建立程序窗体，添加控件。打开 VB，建立窗体。单击工具箱中的文本框图标，在窗体上画 1 个文本框。单击工具箱中的按钮图标，在窗体上画第 1 个按钮，选取所画按钮，按 Ctrl+C 键复制，再按 Ctrl+V 键粘贴，系统弹出提示对话框："创建一个控件数组码"。单击"是"按钮，在窗体上即可添加 1 个新的控件数组按钮。再按 Ctrl+V 粘贴，添加第 3 个控件数组按钮。按照图 5-4 调整各控件间的相对位置。

(2) 设置各控件的属性，如表 2-22 所示。

表 2-22　各控件的属性设置

控件名称	属　　性	属性值	备　　注
Form1	Caption	控件数组	窗体的标题
Text1	Text	文本样式设置示例	用于输入和显示字串
Command1	Caption	样式一	按钮的标题
	Index	0	控件在控件数组中的标示号
Command1	Caption	样式二	按钮的标题
	Index	1	控件在控件数组中的标示号
Command1	Caption	样式三	按钮的标题
	Index	2	控件在控件数组中的标示号

(3) 编写控件数组的事件代码，如代码 2-37 所示。

(4) 保存文件。保存窗体文件，命名为"实例 23.frm"；保存工程文件，命名为"实例 23.vbp"。

(5) 运行程序，使用菜单"运行/启动"命令，或按 F5 键，或单击工具栏上的"启动"按钮▶，结果如图 2-31 所示。

代码 2-37

```
Private Sub Command1_Click(Index As Integer)
   Select Case Index
      Case 0                            '单击按钮1
         Text1.FontName = "黑体"
         Text1.FontSize = 16
         Text1.ForeColor = RGB(255, 0, 0)     '前景为红色
         Text1.BackColor = RGB(255, 255, 0)   '背景为黄色
         Text1.Alignment = 2                  '文本居中对齐
      Case 1                            '单击按钮2
         Text1.FontName = "隶书"
         Text1.FontSize = 20
         Text1.ForeColor = RGB(0, 0, 255)     '前景为蓝色
         Text1.BackColor = RGB(0, 255, 0)     '背景为绿色
         Text1.Alignment = 2
      Case 2                            '单击按钮3
         Text1.FontName = "楷体_GB2312"
         Text1.FontSize = 24
         Text1.BackColor = RGB(255, 255, 255) '背景为白色
         Text1.ForeColor = RGB(0, 0, 0)       '前景为黑色
         Text1.Alignment = 2
   End Select
End Sub
```

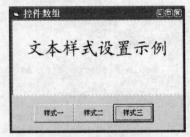

图 2-31　运行效果

【**实例 24**】自定义一个具有学号、成绩二个成员的数据类型 student。输入 10 个学生的学号和成绩,根据成绩对 10 个学生的信息进行排序输出。再根据输入的学号查找相应的成绩。

实例分析: 本实例通过 3 个按钮分别控制 3 大模块:

(1) 单击"输入"按钮: 按学号输入 10 个学生的成绩,并在图片框 1 中显示输入结果。

(2) 单击"排序"按钮: 根据成绩对 10 个学生的信息从高到低进行排序,并在图片框 2 中显示排序后的结果。

(3) 单击"查找"按钮: 根据在文本框中输入的学号,查找相应的成绩,并在图片框 3 中显示该学生的成绩,如果找不到,则显示相关的信息。

操作步骤:

(1) 建立程序窗体,添加控件。打开 VB,建立窗体。单击工具箱中的图片框图标,在窗体上画 3 个图片框。单击工具箱中的按钮图标,在窗体上画 3 个按钮。单击工具箱中的标签图标,在窗体上画 4 个标签。单击工具箱中的文本框图标,在窗体上画 1 个文本框。最后根据图 2-32 调整各控件间的相对位置。

(2) 设置各控件的属性,如表 2-23 所示。

表 2-23 各控件的属性设置

控件名称	属 性	属性值	备 注
Form1	Caption	排序与查找	窗体的标题
Label1	Caption	排序前的学号和成绩	标签的标题
Label2	Caption	排序后的学号和成绩	标签的标题
Label3	Caption	输入学号	标签的标题
Label4	Caption	学生信息	标签的标题
Command1	Caption	输入	按钮的标题
Command2	Caption	排序	按钮的标题
Command3	Caption	查找	按钮的标题
Picture1	FontSize	小四号	字体大小
Picture2	FontSize	小四号	字体大小
Picture3	FontSize	小四号	字体大小

(3) 在工程资源管理器窗口,右击鼠标,在弹出的快捷菜单中选择"添加/添加模块"命令,在新建的标准模块窗口中输入用户自定义类型,如图 2-33 所示。

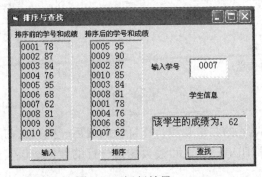

图 2-32 运行效果

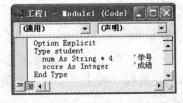

图 2-33 在标准模块中自定义类型

(4) 编写相关事件代码,如代码 2-38、代码 2-39 和代码 2-40 所示。

(5) 保存文件。保存窗体文件,命名为"实例 24.frm";保存工程文件,命名为"实例 24.vbp"。

(6) 运行程序。使用菜单"运行/启动"命令，或按 F5 键，或单击工具栏上的"启动"按钮▶，结果如图 2-32 所示。

代码 2-38

```
Option Base 1
Dim a(10) As student, t As student
Dim i%, j%

Private Sub Command1_Click()                    '输入学号和成绩
  For i = 1 To 9
    a(i).num = "000" & i
    a(i).score = InputBox("请输入第" & a(i).num & "号学生的成绩")
    Picture1.Print a(i).num; a(i).score     '显示排序前的学号和成绩
  Next i
    a(10).num = "0010"
    a(10).score = InputBox("请输入第" & a(i).num & "号学生的成绩")
    Picture1.Print a(10).num; a(10).score
End Sub
```

代码 2-39

```
Private Sub Command2_Click()      '根据成绩排序
For i = 1 To 9
  For j = i + 1 To 10
    If a(i).score < a(j).score Then
        t = a(i)
        a(i) = a(j)
        a(j) = t
    End If
  Next j
 Next i
For i = 1 To 10       '显示排序后的学号和成绩
  Picture2.Print a(i).num; a(i).score
Next i
End Sub
```

代码 2-40

```
Private Sub Command3_Click()
Dim str As String * 4
Dim f As Boolean
f = True
str = Text1.Text      '输入要查找的学号
For i = 1 To 10
 If a(i).num = str Then
   Picture3.Cls                '显示找到的学生信息
   Picture3.Print "该学生的成绩为：" & a(i).score
   f = False
   Exit For
 End If
Next i
 If f Then Picture3.Print "无此学生的信息！"
End Sub
```

4．实验思考

(1) 在【实例 21】中，如果定义一个 3×4 的二维数组，让每行的最后一列存放前三列元素之和。在最后一列元素中求最大值，并打印出一行之和最大的那一行的数据。该实验应如何修改？

(2) 在【实例 24】中，如果自定义类型加上姓名成员，该应用程序不仅能根据学号查找也能根据姓名查找。该实验应如何修改？

实验 6 过 程

1. 实验目的

(1) 掌握模块化程序设计的方法。
(2) 掌握函数过程和子过程的定义和调用方法。
(3) 掌握调用过程和被调用过程数据传递的方法。
(4) 掌握变量、函数过程和子过程的作用域。

2. 实验预备知识

(1) 模块化程序设计。在用 VB 编程时，除了界面设计外，大部分工作是编写程序代码。但在为一个实际问题编写代码的过程中，会遇到一些比较复杂的问题，利用简单的内部函数过程和事件过程往往无法解决。此时往往需要根据应用的复杂程度，将应用程序按其功能或目的划分为若干个模块。各个模块又可继续划分为子模块，直到一个适当的程度，即将问题自上而下逐步细化，分层管理。将模块划分为子模块主要有如下优点：

① 便于调试和维护。将一个复杂的问题分解为若干个子问题，降低每一个子问题的复杂程度，使每一个子问题的功能相对稳定，便于程序的调试和维护。

② 提高代码的利用率。当多个事件过程都需要使用一段相同的程序代码时，可将该程序代码独立出来，作为一个独立过程。它可以单独建立，且可被其他事件过程调用，成为可重复使用的独立过程，从而提高代码利用率。

(2) 过程的分类。在 VB 中，过程有两种：

① 由系统提供过程。系统提供的内部函数过程、方法过程和事件过程，其中事件过程是构成 VB 应用程序的主体。应用程序的设计基本上就是事件过程的设计。

② 由用户自定义过程。用户根据实际应用的需要而自行设计的过程，称为"通用过程"。通用过程分为两类：函数过程和子程序过程，即以"Function"保留字开始的函数过程和以"Sub"保留字开始的子过程。

(3) 过程的使用步骤。要使用用户自定义的子过程，必须解决两个方面的问题：

① 定义过程。首先，用户必须自定义一个子过程。该子过程可以完成一个特定的功能。该子过程以一个名字来标识，可被其他过程调用，其名字后面的变量表称为形式参数。用户自定义子过程在形式上与事件过程的区别是：事件过程的名字有其规律，即控件名_事件名，而用户自定义的过程则由用户自己定义。

② 调用过程。用户自定义的子过程可以完成某功能，但它只有在被其他过程调用时才启动执行，调用时名字后面的变量表称为实际参数。而事件过程虽然可以被其他过程调用，但只在触发该事件后才启动。用户自定义的过程的调用有 3 个步骤：

a. 调用过程将实际参数传递给形式参数，带进被调过程。此时形式参数从实际参数中获得了数值。

b. 启动被调过程，执行被调过程中的语句，完成被调过程的功能。

c. 在执行被调过程的过程中，遇到返回语句，返回调用过程，此后调用过程可利用返回的结果。

3．实验内容

【实例 25】求方程 $s=\int_a^b \sin x\, dx$ 在某个区间的定积分值，程序运行效果如图 2-34 所示。

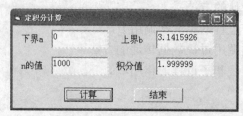

图 2-34 应用程序运行效果

  实例分析：求方程在某个区间的定积分值，根据数学定义，将积分区间等分为 n 个区间段，依次计算各个区间段的面积，再将面积进行累加，即可将面积之和作为定积分的近似解。区间段分的越细，计算结果的精度越高。本例采用梯形法，编写 4 段程序代码：

  (1) 按钮 1 单击事件代码：首先采集积分的下界、上界以及等分数量的信息，接着调用通用程序段 jifen 函数过程，求解积分。

  (2) 按钮 2 单击事件代码：用于结束程序。

  (3) jifen 函数过程：利用梯形法求积分通用事件过程。

  (4) f 函数过程：通用函数代码，为 jifen 函数过程准备积分的函数，将函数 f 的语句：f=sin(x) 改为其他的函数形式，即可求解其他函数的定积分。

  操作步骤：

  (1) 建立程序窗体，添加控件。打开 VB，建立窗体。单击工具箱中的按钮图标，并在窗体上画出 2 个按钮 Command1 与 Command2。单击工具箱中的文本框图标并在窗体上画出 4 个文本框。单击工具箱中的标签图标并在窗体上画出 4 个标签。根据需要调整各个对象的大小和位置。

  (2) 设置各相关控件的属性，如表 2-24 所示。

表 2-24 各相关控件的属性设置

控件名称	属　性	属性值	备　注
Form1	Caption	定积分计算	窗体的标题
Text1	Text		清空用于输入和显示下界
Text2	Text		清空用于输入和显示上界
Text3	Text		清空用于输入和显示等分数
Text4	Text		清空用于显示结果
Label1	Caption	下界 a	标签的标题
Label2	Caption	上界 b	标签的标题
Label3	Caption	N 的值	标签的标题
Label4	Caption	积分值	标签的标题
Command1	Caption	计算	按钮的标题
Command2	Caption	结束	按钮的标题

  (3) 编写相关控件的事件代码，如代码 2-41 和代码 2-42 所示。

  (4) 保存窗体文件，命名为"实例 25.frm"；保存工程文件，命名为"实例 25.vbp"。

(5) 运行程序，使用菜单"运行"/"启动"命令，或按 F5 键，或单击工具栏上的"启动"
按钮▶，结果如图 2-34 所示。

代码 2-41

```
Private Sub Command1_Click()        '定义按钮1单击事件过程
  Dim a!, b!
  a = Val(Text1.Text)               '取积分下界
  b = Val(Text2.Text)               '取积分上界
  n = Val(Text3.Text)               '取等分数量
  Text4.Text = jifen(a, b, n)       '调用通用过程，求解积分
End Sub
Private Sub Command2_Click()        '定义按钮1单击事件过程
  End
End Sub
```

代码 2-42

```
'定义通用过程，利用梯形法求解积分
Public Function jifen(ByVal x1!, ByVal x2!, ByVal n%) As Single
  Dim i%, h!, s!, f1!, f2!
  h = (x1 - x2) / n                 '计算梯形高度
  s = 0                             '设梯形面积初值为0
  f1 = f(x1)                        '计算第一个梯形上底
  For i = 1 To n                    '循环计算各个梯形的面积
    f2 = f(a + i * h)               '计算下一个梯形下底
    s = s + (f1 + f2) * h / 2       '将梯形的面积累加
    f1 = f2                         '将本次梯形下底赋给下一个梯形上底
  Next i
  jifen = s
End Function
Public Function f(ByVal x!) As Single  '定义积分函数通用过程
  f = Sin(x)
End Function
```

【实例 26】合并排序问题，程序运行效果如图 2-35 所示。

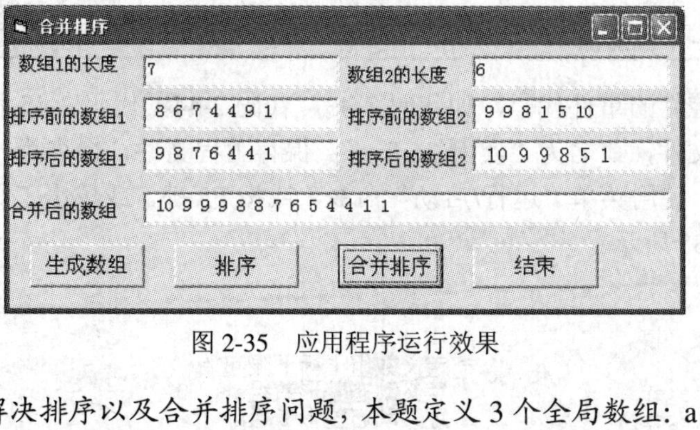

图 2-35 应用程序运行效果

实例分析：为解决排序以及合并排序问题，本题定义 3 个全局数组：a、b 和 c，编写 7 个
过程。

(1) shenchen 子过程：用于生成 1 个数组。

(2) paixu 子过程：用于对 1 个数组进行排序。

(3) hebing 子过程：用于将 2 个有序的数组进行合并排序。

(4) 按钮 1 单击事件过程：首先采集数组的长度信息，接着调用 shenchen 子过程，生成
1 个数组 1；此工作进行 2 次，再生成另 1 个数组 2。

(5) 按钮 2 单击事件过程: 2 次调用 paixu 子过程, 实现对数组的排序。

(6) 按钮 3 单击事件过程: 调用 hebing 子过程对 2 个排好序的数组进行合并排序。

(7) 按钮 4 单击事件过程: 结束程序的运行。

操作步骤:

(1) 建立程序窗体,添加控件。打开 VB,建立窗体。单击工具箱中的按钮图标,并在窗体上画出 4 个按钮。单击工具箱中的文本框图标,并在窗体上画出 7 个文本框。单击工具箱中的标签图标,并在窗体上画出 7 个标签。根据需要调整各个对象的大小和位置。

(2) 设置各相关控件的属性,如表 2-25 所示。

表 2-25　各相关控件的属性设置

控件名称	属　　性	属性值	备　　注
Form1	Caption	合并排序	窗体的标题
Text1	Text		清空用于输入和显示数组 1 长度
Text2	Text		清空用于显示生成的数组 1
Text3	Text		清空用于显示排序后的数组 1
Text4	Text		清空用于输入和显示数组 2 长度
Text5	Text		清空用于显示生成的数组 2
Text6	Text		清空用于显示合并后的数组
Text7	Text		清空用于显示排序后的数组 2
Label1	Caption	数组 1 的长度	标签的标题
Label2	Caption	排序前的数组 1	标签的标题
Label3	Caption	排序后的数组 1	标签的标题
Label4	Caption	数组 2 的长度	标签的标题
Label5	Caption	排序前的数组 2	标签的标题
Label6	Caption	合并后的数组	标签的标题
Label7	Caption	排序后的数组 2	标签的标题
Command1	Caption	生成数组	按钮的标题
Command2	Caption	排序	按钮的标题
Command3	Caption	合并排序	按钮的标题
Command4	Caption	结束	按钮的标题

(3) 编写相关控件的事件代码,如代码 2-43、代码 2-44、代码 2-45 和代码 2-46 所示。

(4) 保存窗体文件,命名为"实例 26.frm";保存工程文件,命名为"实例 26.vbp"。

(5) 运行程序,使用菜单"运行/启动"命令,或按 F5 键,或单击工具栏上的"启动"按钮▶,结果如图 2-35 所示。

代码 2-43

```
Option Base 1                          '定义数组下标下限起始
Dim a() As Integer                     '定义动态整形数组a
Dim b() As Integer                     '定义动态整形数组b
Dim c() As Integer                     '定义动态整形数组c
Public Sub shenchen(n%, x() As Integer) '定义生成数组通用子过程
  Dim i%                               '定义辅助变量
  ReDim x(n)                           '重新定义数组
  For i = 1 To n                       '执行n次的循环
    x(i) = Int(90 * Rnd) + 10          '生成一个在10-99之间的随机数
  Next i
End Sub
```

代码 2-44

```
Public Sub paixu(x() As Integer) '定义排序子过程，参数为数组x
  Dim i%, j%, k%, t%
  For i = 1 To UBound(x) - 1
    k = i
    For j = i + 1 To UBound(x)
      If x(k) < x(j) Then k = j
    Next j
    If k <> i Then
      t = x(i): x(i) = x(k): x(k) = t
    End If
  Next i                        '用选择排序对数组x进行排序
End Sub
```

代码 2-45

```
'定义合并子过程
Public Sub hebing(a() As Integer, _
                  b() As Integer, c() As Integer)
  Dim ia%, ib%, ic%, m%
  ia = 1: ib = 1: ic = 1
  m = UBound(a) + UBound(b)
  ReDim c(m)
  Do While ia < UBound(a) And ib < UBound(b)
    If a(ia) > b(ib) Then
      c(ic) = a(ia): ia = ia + 1: ic = ic + 1
    Else
      c(ic) = b(ib): ib = ib + 1: ic = ic + 1
    End If
  Loop
  Do While ia <= UBound(a)
    c(ic) = a(ia): ia = ia + 1: ic = ic + 1
  Loop
  Do While ib <= UBound(b)
    c(ic) = b(ib): ib = ib + 1: ic = ic + 1
  Loop
End Sub
```

代码 2-46

```
Private Sub command1_click()      '定义按钮1单击事件过程
  Dim n%, i%
  n = Val(Text1.Text)             '从文本框中取数组1元素的个数
  Call shenchen(n, a)             '调用生成数组通用过程
  For i = 1 To n
    Text2.Text = Text2.Text & " " & a(i)
  Next i                          '将此数组1依次显示在文本框2中
  n = Val(Text4.Text)             '从文本框中取数组2元素的个数
  Call shenchen(n, b)             '调用生成数组通用过程
  For i = 1 To n
    Text5.Text = Text5.Text & " " & b(i)
  Next i                          '将此数组2依次显示在文本框5中
End Sub
Private Sub Command2_Click()      '定义按钮2单击事件过程
  Dim i%
  Call paixu(a)                   '调用子过程排序
  For i = 1 To UBound(a)          '执行循环
    Text3.Text = Text3.Text & " " & a(i)
  Next i                          '将排序后的数组依次显示在文本框3中
  Call paixu(b)                   '调用子过程排序
  For i = 1 To UBound(b)          '执行循环
    Text7.Text = Text7.Text & " " & b(i)
  Next i                          '将排序后的数组依次显示在文本框7中
End Sub
Private Sub Command3_Click()      '定义按钮3单击事件过程
  Call hebing(a, b, c)            '调用合并排序子过程
  For i = 1 To UBound(c)          '执行循环
    Text6.Text = Text6.Text & " " & c(i)
```

```
    Next i                          '将排序后的数组依次显示在文本框6中
End Sub
Private Sub Command4_Click()     '定义按钮4单击事件过程
    End
End Sub
```

【实例 27】查找和替换问题程序运行效果如图 2-36 所示。

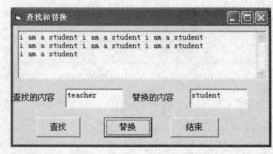

图 2-36 应用程序运行效果

实例分析：为解决查找和替换问题，本例共编写如下 5 段程序代码：

(1) chazhao 子过程：采集原串和查找的串，进行查找。

(2) tihuan 子过程：采集原串、查找的串和替换的串，进行替换。

(3) 按钮 1 单击事件过程：用于调用 chazhao 子过程。

(4) 按钮 2 单击事件过程：用于调用 tihuan 子过程。

(5) 按钮 3 单击事件过程：用于结束程序的运行。

操作步骤：

(1) 建立程序窗体，添加控件。打开 VB，建立窗体。单击工具箱中的按钮图标并在窗体上画出 3 个按钮。单击工具箱中的文本框图标，并在窗体上画出 3 个文本框。单击工具箱中的标签图标，并在窗体上画出 2 个标签。根据需要调整各个对象的大小和位置。

(2) 设置相关各控件的属性，如表 2-26 所示。

(3) 编写相关控件的事件代码，如代码 2-47、代码 2-48 和代码 2-49 所示。

(4) 保存窗体文件，命名为"实例 27.frm"；保存工程文件，命名为"实例 27.vbp"。

(5) 运行程序，使用"运行"菜单中的"启动"命令，或按 F5 键，或单击工具栏上的"启动"按钮▶，结果如图 2-36 所示。

表 2-26 各相关控件的属性设置

控件名称	属　　性	属性值	备　　注
Form1	Caption	查找和替换	窗体的标题
Text1	Text		清空用于输入和显示原串
Text2	Text		清空用于输入和显示查找的串
Text3	Text		清空用于输入和显示替换的串
Label1	Caption	查找的内容	标签的标题
Label2	Caption	替换的内容	标签的标题
Command1	Caption	查找	按钮的标题
Command2	Caption	替换	按钮的标题
Command3	Caption	结束	按钮的标题

代码 2-47　按钮 1、2、3 单击事件程序代码

```
Private Sub Command1_Click()        '定义按钮1单击事件过程
    Call chazhao                    '调用查找子过程
End Sub
Private Sub Command2_Click()        '定义按钮2单击事件过程
    Call tihuan                     '调用替换子过程
End Sub
Private Sub Command3_Click()        '定义按钮3单击事件过程
    End
End Sub
```

代码 2-48　查找子过程程序代码

```
Private Sub chazhao()               '定义查找子过程
    Dim i%
    Dim yuanstr As String
    Dim chastr As String
    If Text2.Text = "" Then
        MsgBox "请输入查找的内容", 17, "提示"
        Exit Sub
    End If
    yuanstr = Text1.Text
    chastr = Text2.Text
    i = InStr(yuanstr, chastr)
    If i = 0 Then
        MsgBox "没有找到查找的内容", 17, "提示"
        Exit Sub
    Else
        MsgBox "找到查找的内容", 64, "提示"
        Exit Sub
    End If
End Sub
```

代码 2-49　替换子过程程序代码

```
Private Sub tihuan()                '定义替换子过程
    Dim yuanstr As String
    Dim chastr As String
    Dim huanstr As String
    yuanstr = Text1.Text
    chastr = Text2.Text
    huanstr = Text3.Text
    If Text3.Text = "" Then
        MsgBox "请输入替换的内容", 17, "提示"
        Exit Sub
    End If
    Text1.Text = Replace(yuanstr, chastr, huanstr)
End Sub
```

【实例 28】插入、删除、更新数据问题，程序运行效果如图 2-37 所示。

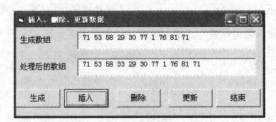

图 2-37　应用程序运行效果

实例分析：为解决插入、删除、更新数据问题，本例共编写如下 8 段程序代码：

(1) charu 子过程：利用参数接收数组、插入位置和插入元素，进行插入。

(2) shanchu 子过程：利用参数接收数组、删除位置，进行删除。

(3) genxin 子过程：利用参数接收更新元素，进行更新。

(4) 按钮 1 单击事件过程：用于生成数组。

(5) 按钮 2 单击事件过程：采集插入位置和插入元素，调用 charu 子过程。

(6) 按钮 3 单击事件过程：采集删除位置，调用 shanchu 子过程。

(7) 按钮 4 单击事件过程：采集更新元素，调用 genxin 子过程。

(8) 按钮 5 单击事件过程：用于结束程序的运行。

操作步骤：

(1) 建立程序窗体，添加控件。打开 VB，建立窗体。单击工具箱中的按钮图标，并在窗体上画出 5 个按钮。单击工具箱中的文本框图标，并在窗体上画出 2 个文本框。单击工具箱中的标签图标，并在窗体上画出 2 个标签。根据需要调整各个对象的大小和位置。

(2) 设置各相关控件的属性，如表 2-27 所示。

表 2-27　各相关控件的属性设置

控件名称	属　　性	属性值	备　　注
Form1	Caption	插入、删除、更新数据	窗体的标题
Text1	Text		清空用于输入和显示原数组
Text2	Text		清空用于显示处理后的数组
Label1	Caption	生成数组	标签的标题
Label2	Caption	处理后的数组	标签的标题
Command1	Caption	生成	按钮的标题
Command2	Caption	插入	按钮的标题
Command3	Caption	删除	按钮的标题
Command4	Caption	更新	按钮的标题
Command5	Caption	结束	按钮的标题

(3) 编写相关控件的事件代码，如代码 2-50、代码 2-51、代码 2-52、代码 2-53、代码 2-54、代码 2-55 和代码 2-56 所示。

(4) 保存窗体文件，命名为"实例 28.frm"；保存工程文件，命名为"实例 28.vbp"。

(5) 运行程序，使用 "运行"菜单中的"启动"命令，或按 F5 键，或单击工具栏上的"启动"按钮▶，结果如图 2-37 所示。

代码 2-50

```
Option Explicit
Option Base 1
Dim a() As Integer
Private Sub Command1_Click()                    '定义按钮1单击事件过程
  Dim n%, i%
  n = InputBox("请输入数组长度", "输入数据")    '定义数组长度
  ReDim Preserve a(n)
  For i = 1 To UBound(a)                         '循环生成数组元素
    a(i) = 100 * Rnd
    Text1.Text = Text1.Text & " " & a(i)         '循环输出数组元素
  Next i
End Sub
```

代码 2-51

```
Private Sub Command2_Click()                    '定义按钮2单击事件过程
  Dim i%, k%, x%
  k = InputBox("请输入插入位置", "输入数据")    '定义插入位置
  x = InputBox("请输入插入元素", "输入数据")    '定义插入元素
```

```
   ReDim Preserve a(UBound(a) + 1)          '重新定义数组
   Call charu(a, k, x)                      '调用插入子过程
   Text2.Text = ""                          '清除文本框中的原内容
   For i = 1 To UBound(a)
     Text2.Text = Text2.Text & " " & a(i)
   Next i                                   '循环输出数组元素
End Sub
```

代码 2-52

```
Private Sub Command3_Click()               '定义按钮3单击事件过程
   Dim i%, k%
   k = InputBox("请输入删除位置", "输入数据")  '定义删除元素
   Call shanchu(a, k)                       '调用删除子过程
   ReDim Preserve a(UBound(a) - 1)          '重新定义数组
   Text2.Text = ""                          '清除文本框中的原内容
   For i = 1 To UBound(a)
     Text2.Text = Text2.Text & " " & a(i)
   Next i                                   '循环输出数组元素
End Sub
```

代码 2-53

```
Private Sub Command4_Click()               '定义按钮4单击事件过程
   Dim i%, k%, x%
   k = InputBox("请输入更新位置", "输入数据")
   x = InputBox("请输入更新元素", "输入数据")
   Call genxin(a, k, x)                     '调用更新子过程
   Text2.Text = ""                          '清除文本框中的原内容
   For i = 1 To UBound(a)
     Text2.Text = Text2.Text & " " & a(i)
   Next i                                   '循环输出数组元素
End Sub
```

代码 2-54

```
Private Sub Command5_Click()               '定义按钮5单击事件过程
   End
End Sub
Private Sub genxin(a() As Integer, k%, x%) '定义更新子过程
   a(k) = x
End Sub
```

代码 2-55

```
Private Sub charu(a() As Integer, k%, x%)  '定义插入子过程
   Dim i%
   For i = UBound(a) To k + 1 Step -1
     a(i) = a(i - 1)
   Next i
   a(k) = x
End Sub
```

代码 2-56

```
Private Sub shanchu(a() As Integer, k%)    '定义删除子过程
   Dim i%
   For i = k To UBound(a) - 1
     a(i) = a(i + 1)
   Next i
End Sub
```

4. 实验思考

(1) 模块化程序设计的优点是什么?

(2) 在模块化程序设计中, 参数传递有哪些方法? 简要说明。

实验7　用户界面的设计

1．实验目的

(1) 掌握通用对话框的使用。

(2) 掌握各种菜单的设计方法。

(3) 能够用多重窗体的方法来设计应用程序。

(4) 了解多文档界面设计及工具栏的创建方法。

2．实验预备知识

(1) 通用对话框。通用对话框控件(CommonDialog)可以显示 6 种类型的对话框。用 Action 属性或对应的方法可以决定打开对话框的类型。通用对话框的 Action 属性及对应的方法参见教程中的相关内容。

(2) 菜单系统。菜单一般分为两种类型：下拉式菜单和弹出式菜单。无论哪种类型的菜单都必须用如图 2-38 所示的"菜单编辑器"来进行设计。"菜单编辑器"的主要属性参见教程中的相关内容。

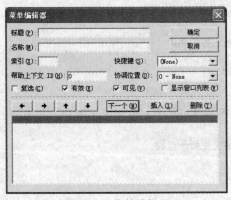

图 2-38　菜单编辑器

(3) 多重窗体的设计。

① 添加新窗体的方法。使用菜单"工程/添加窗体"命令，根据提示进行相应的设置。

② 常用方法。

a．Show 方法。

格式：

[窗体名称].Show[模式]

功能：将一个窗体装入内存，并在屏幕上显示。

b．Hide 方法。

格式：

[窗体名称].Hide

功能：隐藏指定的窗体，但并不将该窗体从内存中清除。

(4) 多文档界面(MDI)。建立多文档应用程序的操作步骤为：

① 创建 MDI 窗体。新建一个工程，使用"工程/添加 MDI 窗体"命令，为该工程创建一个 MDI 窗体。再选取"工程/属性"项，在打开的对话框中，设定 MDI 窗体为启动对象。

② 创建第一个子窗体。设置 Form1 窗体的 MDIChild 属性为 True，即可将普通窗体 Form1 变为 MDI 窗体的子窗体。

③ 创建多个子窗体。通过 Dim 语句为工程添加 MDI 子窗体，然后再通过 Load 命令装载该子窗体。Dim 语句的调用格式为：

Dim ＜新对象名＞ As New ＜对象名＞

说明：

a．＜对象名＞为已存在的 MDI 子窗体名。

b．＜新对象名＞创建一个完全和＜对象名＞一样的新的 MDI 子窗体名。

c. 用 New 关键字创建新对象，这个对象被视为它的类所定义的对象。

(5) 工具栏的设计。设计工具栏的一般步骤为：

① 在工具箱中添加工具栏(ToolBar)控件和图像列表(ImageList)控件。

② 在窗体上添加 ImageList 控件，通过 ImageList 控件的属性对话框添加所需的图像。

③ 在窗体上方添加 ToolBar 控件，通过 ToolBar 控件的属性对话框创建工具按钮。

④ 在 ToolBar 控件的 ButtonClick 事件中用 Select Case 语句对各按钮进行相应的编程。

3. 实验内容

【实例 29】使用通用对话框程序。设计一个窗体，窗体包含 1 个文本框、5 个命令按钮，如图 2-39 所示。要求：

(1) 单击"输入文字"按钮，可弹出"输入"对话框，并把输入的 4 行字符串显示在文本框中。

(2) 单击"背景颜色"按钮，可弹出"颜色"对话框，并用选定的颜色改变文本框的背景颜色。

(3) 单击"文字字体"按钮，可弹出"字体"对话框，并用选定的字体改变文本框中文字的字体。

(4) 单击"保存文件"按钮，可弹出"另存为"对话框，并用选定的路径和文件名保存文件的内容。

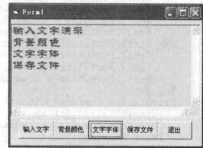

图 2-39　运行效果

实例分析：本实例的目的是要求熟悉用 CommonDialog 控件制作各种类型的对话框。通过设置 Action 属性及相关的其他属性和方法，了解 CommonDialog 控件的各种功能。

操作步骤：

(1) 建立程序窗体，添加控件。

① 建立一个程序窗体，使用菜单中的"工程/部件"命令，打开"部件"对话框。

② 在对话框中选择"控件"选项卡，在控件列表框中选"Microsoft Common Dialog Controls 6.0"，单击"确定"按钮，将通用对话框 CommonDialog 控件添加到工具箱中。

③ 在窗体上添加 1 个通用对话框 CommonDialog1、1 个文本框 TextBox 和 5 个命令按钮 Command，并依图 2-39 调整各控件间的相对位置。

(2) 设置各控件对象的属性，如表 2-28 所示。

表 2-28　各控件的属性设置

控件名称	属性名	属性值	说　　明
Text1	MultiLine	True	多行文字
	ScrollBars	Both	加水平、垂直滚动条
Command1	Caption	输入文字	
Command2	Caption	背景颜色	
Command3	Caption	文字字体	
Command4	Caption	保存文件	
Command5	Caption	退出	

(3) 编写相关事件代码，如代码 2-57 所示。

(4) 按 F5 功能键，运行程序。其运行效果如图 2-39 所示。

代码 2-57

```
Private Sub Command1_Click()        '输入文字按钮
  For i = 1 To 4
    temp = InputBox("请输入第" + Str(i) + "行文字，共4行")
    Text1.Text = Text1.Text + temp + vbCrLf
  Next i
End Sub
Private Sub Command2_Click()        '背景颜色按钮
    CommonDialog1.Action = 3
    Text1.BackColor = CommonDialog1.Color
End Sub
Private Sub Command3_Click()        '文字字体按钮
  CommonDialog1.Flags = 259
    CommonDialog1.Action = 4
    Text1.FontName = CommonDialog1.FontName
    Text1.FontName = CommonDialog1.FontName
    Text1.FontSize = CommonDialog1.FontSize
    Text1.FontBold = CommonDialog1.FontBold
    Text1.FontItalic = CommonDialog1.FontItalic
    Text1.FontUnderline = CommonDialog1.FontUnderline
    Text1.FontStrikethru = CommonDialog1.FontStrikethru
    Text1.ForeColor = CommonDialog1.Color
End Sub
Private Sub Command4_Click()        '保存文件按钮
    CommonDialog1.Action = 2
  Open CommonDialog1.FileName For Output As #1
  Print #1, Text1.Text
  Close #1
End Sub
Private Sub Command5_Click()        '退出按钮
  End
End Sub
```

【实例 30】在实例 29 的基础上，将应用程序改为如图 2-40 所示的菜单系统。5 个菜单项的功能与 5 个命令按钮相同。

实例分析：将 5 个命令按钮改为 5 个菜单项，旨在让学生了解如何用菜单生成器设置菜单项及如何编写菜单命令的事件代码。

操作步骤：

(1) 建立程序窗体，添加控件。建立一个程序窗体，在窗体上添加 1 个通用对话框 CommonDialog1 和 1 个文本框 TextBox。文本框的属性设置如表 2-28 所示。

(2) 用"菜单编辑器"设计下拉菜单，操作步骤为：

① 打开"菜单编辑器"，按表 2-29 所示的属性，设计各菜单项，界面如图 2-41 所示。

② 单击"确定"按钮，保存菜单的设计。

表 2-29　菜单项属性设置

标　题	名　称	快捷键	说　明
文件(&F)	File		菜单标题(设热键 Alt+F)
···输入文字	Shrwz		菜单项
···保存文件	Bcwj		菜单项
···—	Bar		分隔条
···退出	Tch		菜单项
格式(&S)	Style		菜单标题(设热键 Alt+S)
···背景颜色	Gbys	Ctrl+L	菜单项
···文字字体	Gbzt	Ctrl+S	菜单项

(3) 编写各菜单项的 Click 事件代码,如代码 2-58 所示。

(4) 按 F5 功能键,运行程序。在文本框中输入文字,选择所需菜单项,对义字进行相应的设置。

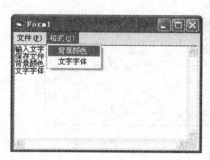

图 2-40　运行效果

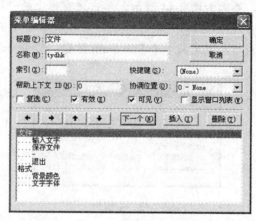

图 2-41　菜单项设计

代码 2-58

```
Private Sub BCWJ_Click()          '保存文件菜单项
    CommonDialog1.Action = 2
    Open CommonDialog1.FileName For Output As #1
    Print #1, Text1.Text
    Close #1
End Sub
Private Sub GBYS_Click()          '背景颜色菜单项
    CommonDialog1.Action = 3
    Text1.BackColor = CommonDialog1.Color
End Sub
Private Sub GBZT_Click()          '文字字体菜单项
    CommonDialog1.Flags = 259
    CommonDialog1.Action = 4
    Text1.FontName = CommonDialog1.FontName
    Text1.FontName = CommonDialog1.FontName
    Text1.FontSize = CommonDialog1.FontSize
    Text1.FontBold = CommonDialog1.FontBold
    Text1.FontItalic = CommonDialog1.FontItalic
    Text1.FontUnderline = CommonDialog1.FontUnderline
    Text1.FontStrikethru = CommonDialog1.FontStrikethru
    Text1.ForeColor = CommonDialog1.Color
End Sub
Private Sub SHRWZ_Click()          '输入文字菜单项
    For i = 1 To 4
        sci = InputBox("请输入第" + Str(i) + "行文字,共4行")
        Text1.Text = Text1.Text + sci + vbCrLf
    Next i
End Sub
Private Sub TCH_Click()          '退出菜单项
    End
End Sub
```

【实例 31】设计三个窗体用于输入学生的三门课程成绩,并计算总分与平均分,界面设计如图 2-42、图 2-43 和图 2-44 所示。

实例分析: 本实例共需建立 3 个窗体,分别为主窗体、输入成绩窗体和统计分数窗体。主窗体 Formmain 的界面如图 2-42 所示,负责总控工作如下:

(1) 单击"输入成绩"按钮，即可打开输入成绩窗体 Forminput，用于输入三门课的成绩，界面如图 2-43 所示；单击该窗体上的"返回"按钮，立即返回主窗体 Formmain 的界面。

(2) 单击"计算成绩"按钮，即可打开统计分数窗体 Formshow，统计三门课的总分及平均分，界面如图 2-44 所示；单击该窗体上的"返回"按钮，返回主窗体 Formmain 的界面。

另外，添加 1 个标准模块，在模块中定义 3 个全局变量，用于存放多窗体间共用的三门课的成绩，并定义 1 个 Sub main 过程，作为启动过程。

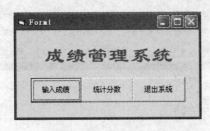
图 2-42　主窗体

图 2-43　输入成绩窗体

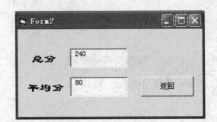
图 2-44　统计分数窗体

操作步骤：

(1) 建立程序窗体，添加控件。

① 在 VB 环境中，使用"文件/新建工程"命令。在新建的窗体上添加 3 个命令按钮和 1 个标签，界面设计如图 2-42 所示。

② 将窗体的(名称)属性设为：Formmain。其他属性设置如表 2-30 所示。

③ 添加一个新窗体，其(名称)属性为：Forminput。界面设计如图 2-43 所示。窗体上各控件的属性设置如表 2-31 所示。

④ 再添加一个新窗体，其(名称)属性为：Formshow。界面设计如图 2-44 所示。窗体上各控件的属性设置如表 2-32 所示。

表 2-30　Formmain 窗体属性设置

控件名称	属　性	属性值	说　明
Form1	(名称)	Formmain	为窗体命名
Command1	Caption	输入成绩	按钮的标题
Command2	Caption	统计分数	按钮的标题
Command3	Caption	退出系统	按钮的标题
Label1	Caption	成绩管理	标题
	ForeColor	红色	
	FontSize	36	

表 2-31 Forminput 窗体属性设置

控件名称	属 性	属性值	说 明
Form1	(名称)	Forminput	为窗体命名
Command1	Caption	返回	按钮的标题
Label1	Caption	英语	标题
Label2	Caption	数学	标题
Label3	Caption	语文	标题
Text 1 Text 2 Text3	Text		清空

表 2-32 Formshow 窗体属性设置

控件名称	属 性	属性值	说 明
Form1	(名称)	Formshow	为窗体命名
Command1	Caption	返回	按钮的标题
Label1	Caption	总分	标题
Label2	Caption	平均分	标题
Text 1 Text 2	Text		清空

(2) 编写相关事件代码并设置启动对象。

① 选择菜单"工程/添加模块"项，为工程添加一个标准模块。打开该模块编写代码，如代码 2-59 所示。选择菜单"工程/工程属性"项，设置 Sub Main 为启动对象。

② 在工程资源管理器窗口，选取 Formmain 窗体，打开该窗体的代码窗口，编写程序如代码 2-60 所示。

③ 在工程资源管理器窗口，选取 Forminput 窗体，打开该窗体的代码窗口，编写程序如代码 2-61 所示。

④ 在工程资源管理器窗口，选取 Formshow 窗体，打开该窗体的代码窗口，编写程序如代码 2-62 所示。

代码 2-59

```
Public eng As Single      '全局变量，用于存放英语成绩
Public cha As Single      '全局变量，用于存放语文成绩
Public mth As Single      '全局变量，用于存放数学成绩

Sub main()
    Formmain.Show        '启动主窗体
End Sub
```

代码 2-60

```
Private Sub Command1_Click()
    Formmain.Hide        '隐藏主窗体
    Forminput.Show       '显示输入成绩窗体
End Sub
Private Sub Command2_Click()
    Formmain.Hide        '隐藏主窗体
    Formshow.Show        '显示统计分数窗体
End Sub
Private Sub Command3_Click()
    End
End Sub
```

代码 2-61

```
Private Sub Command1_Click()
    eng = Val(Text1.Text)        '将输入的英语成绩存入全局变量eng中
    mth = Val(Text2.Text)        '将输入的数学成绩存入全局变量mth中
    cha = Val(Text3.Text)        '将输入的语文成绩存入全局变量cha中
    Forminput.Hide               '隐藏输入成绩窗体
    Formmain.Show                '显示主窗体
End Sub
```

代码 2-62

```
Private Sub Command1_Click()
    Formshow.Hide        '隐藏统计分数窗体
    Formmain.Show        '显示主窗体
End Sub

Private Sub Form_Activate()
    Dim a As Single
    a = eng + mth + cha          '求三门课的总分
    Text1.Text = Str(a)
    a = a / 3                    '求三门课的平均分
    Text2.Text = Str(a)
End Sub
```

(3) 使用"菜单/保存工程"命令，分别将 3 个窗体文件(Formmain.frm、Forminput.frm 和 Formshow.frm)、标准模块文件(实例 31.bas)及工程文件(实例 31.vbp)保存在同一个文件夹中。

(4) 按 F5 功能键，运行程序。其运行效果如图 2-42、图 2-43 和图 2-44 所示。

4. 实验思考

(1) 在【实例 30】中，如果需要添加一个"打开文件"菜单项，应如何修改该实验？

(2) 在【实例 30】中，如果将"背景颜色"菜单项改为子菜单标题，再加上二级下拉子菜单，分别显示红、绿和蓝 3 种颜色，应如何修改该实验？

(3) 在【实例 30】中，如果需要添加一个弹出菜单，用于剪切、复制和粘贴。应如何修改该实验？

(4) 在【实例 31】中，如果需要统计 6 门课的成绩，应如何修改该实验？

实验 8 键盘、鼠标与绘图

1. 实验目的

(1) 了解掌握键盘事件和鼠标事件驱动过程。

(2) 掌握运用键盘响应事件及相关参数实现对数据有效性输入的检验及控制。

(3) 掌握运用鼠标事件绘制简单图形。

(4) 了解坐标系统、绘图的属性和事件，掌握不同的绘图方法。

2. 实验预备知识

(1) 键盘。

① KeyPress 事件。其语法格式为：

Sub Object_KeyPress(KeyAscii as Integer)   '控件的事件过程

　　……

End Sub

在程序中，若将 KeyAscii 设置为 0，可取消本次击键。当窗体的 KcyPrcview 属性值设置为 True 时，将先触发窗体的 KeyPress 事件，之后再触发窗体容器内获得焦点的控件的 KeyPress 事件。

② KeyDown 和 KeyUp 事件。其语法格式为：

Sub Object_KeyDown (KeyCode as Integer, Shift as Integer)

    ……

End Sub

Sub Object_KeyUp (KeyCode as Integer, Shift as Integer)

    ……

End Sub

(2) 鼠标。

① 鼠标事件。鼠标的 MouseDown、MouseUp 和 MouseMove 事件分别是当按下鼠标、释放鼠标和移动鼠标时被触发的。其语法格式为：

Sub Object_鼠标事件(Button as Integer, Shift as Integer, X as Single, Y as Single)

    ……

End Sub

② 鼠标指针。

a. MousePoint 属性：用于设置鼠标指针的形状，其设置值与形状参见《Visual Basic 程序设计教程》(以下简称《教程》)中的表 8-7。

b. MouseIcon 属性：当对象的 MousePointer 属性设置为 99 时，可使用对象的 MouseIcon 属性来自定义鼠标指针的形状。

(3) 拖放。

① 基本属性。

a. DragMode 属性：该属性为被拖动源对象的属性。其值为 0(默认)时，启用手工拖动模式；其值为 1，源对象为自动拖动模式，此刻源对象不再响应 Click 和 MouseDown 事件。

b. DragIcon 属性：源对象的 DragIcon 属性可用于设置被拖动的源对象在拖动过程中显示的图标图形。如该属性被设置为空，则源对象在被拖动过程中，随鼠标指针移动的只是变成灰色的被拖动控件的边框，被拖动对象不显示。

② 方法。Drag 方法：在用手工拖动模式下用于设置手工拖放的操作，其语法格式为：

[Object.] Drag [参数]

其中，参数可为 0、1、2 分别表示取消手工拖动、启动手工拖动和结束手工拖动。如果参数省略，默认为启动手工拖动操作。

③ 事件。

a. DragDrop 事件。其语法格式为：

Sub Object_DragDrop(Source as Control , x as Single , y as Single)

    ……

End Sub

b. DragOver 事件。其语法格式为：

Sub Object_DragOver(Source as Control , x as Single, y as Single , State as Integer)
……
End Sub

(4) 绘图坐标系统。在 VB 系统中构成坐标系需要三个要素：坐标原点、坐标度量单位、坐标轴的长度与方向。系统默认坐标系的坐标原点均为容器的左上角(0,0)，从原点向右为 x 轴正方向，垂直向下为 y 轴正方向。自定义坐标系的方向及大小的设置可采用以下 2 种方法：

① 容器对象属性设置。容器对象的坐标系属性有 ScaleTop、ScaleLeft、ScaleHeight 和 ScaleWidth 四个，属性 ScaleTop、ScaleLeft 用于设定控件容器左上角的坐标，其默认值均为 0。属性 ScaleHeight 和 ScaleWidth 确定容器内部水平方向和垂直方向的单位数(不包括边框、菜单栏和标题栏)。当设置容器对象的 ScaleMode 属性值>0，将使容器对象的 ScaleLeft 和 ScaleTop 自动更改为 0，ScaleHeight、ScaleWidth 的度量单位也将发生改变。

② Scale 方法。可用于为窗体、图片框或 Printer(打印机)对象设置新的坐标系。其语法格式为：

[Object.]Scale [(XLeft , YTop)−(XRight , YBottom)]

当使用 Scale 方法改变容器坐标系，容器的 ScaleMode 属性值自动更改为 0。如采用 Scale 方法且不带参数，则取消用户自定义坐标系，采用系统默认坐标系。

(5) 控件对象层次。在窗体上可以放置多个不同控件对象，根据对象的类型不同，将分别位于不同层次上(最上层、中间层和最下层)。不同层次上的控件对象的相互层叠的位置关系是不能改变的，同一层次内的对象在默认情况下，后创建的对象将遮盖先创建的对象，在程序运行时，可使用控件对象的 Zorder 方法将对象调整到同一层中的最上层或最下层。其语法格式为：

Object.ZOrder [position]

其中，"Object"是被调整位置的对象。参数 Position 取 0 表示该控件被定位于本层次内层叠的最上层，取 1 表示该控件被定位于本层次内层叠的最下层。

(6) 绘图属性。

① 当前坐标(CurrentX、CurrentY)：通过此属性值可以获知或设定控件对象在容器中的当前位置坐标。当在程序运行时使用 Cls 方法后，容器坐标系的此属性值自动更改为 0。

② DrawWidth 属性。该属性确定在容器坐标系中所画线的宽度或点的大小，语法格式：

[Object.] DrawWidth [=Size]

③ DrawStyle 属性。该属性确定在容器坐标系中所画线的形状，其值及含义可参见《教程》中表 8-14。

④ FillStyle 和 FillColor 属性。这两个属性决定封闭图形的填充方式，FillColor 设置填充图案的颜色；FillStyle 属性设置填充的图案，其值及类型可参见《教程》中图 8-13。

⑤ AutoRedraw 属性。用于设置返回对象控件是否能自动重绘，其值为 True，则窗体或图片框对象的自动重绘有效。

⑥ 图形颜色。VB 系统中颜色取值可有 4 种方式：使用 RGB(red,green,blue)函数、使用 QBColor(color)函数、使用系统定义的颜色常量和使用 Long 型颜色值&HBBGGRR。

(7) 绘图方法。

① Line 方法：用于画线，可单独画线段，也可以画矩形框或矩形块。其语法格式为：

[Object.]Line [[step](x1 , y1)]–[step](x2 , y2) [, [color] , B[F]]

② CirCle 方法。可用于在容器控件中画圆、椭圆或圆弧。其语法格式为：

[Object.] CirCle [Step](x , y) , r[, Color [, a , b[, k]]]

③ Pset 方法：用于画点，即设置指定坐标位置处像素的颜色。其语法格式为：

[Object.] Pset [Step] (x , y) [, Color]

④ PrintPicture 方法：用于在容器对象中绘制图形文件的内容。其语法格式为：

[Object.] PaintPicture 图片 , x1 , y1 [, 宽度 1 , [高度 1 , x2[, y2[, 宽度 2[, 高度 2]]]]]

⑤ Point 方法：可用于获取容器坐标系中指定坐标位置上的 RGB 颜色值。其语法格式为：

[Object.] Point (x , y)

3．实验内容

【实例 32】如图 2-45 所示，设计一个程序，要求按住鼠标左键可以模拟画笔在图片框中随意绘画，画笔的颜色和粗细可以重新设置，对绘制的图形可以点击"清屏"按钮彻底清除，也可以通过右键拖放选定区域实现局部擦除。画好的图形可以作为位图文件保存起来，也可再次打开修改。

实例分析：根据题目要求，画笔的颜色可通过通用对话框控件获取从调色板中返回所选择的颜色，画笔的粗细可调用 Inputbox()输入对话框获得。在图片框的 MouseMove 事件中，检测 Button 参数，当确定为左键按下时，可使用图片框的 Pset 方法在对应的(x，y)坐标处画出指定颜色的点，随着 MouseMove 事件的不断触发，就形成所画的线条。通过使用图片框的 Cls 方法可清除图片框中所有绘制的图形。对于右键点击拖放擦除局部区域痕迹的设计，可以参照《教程》例 8-3 中绘制矩形方法，在图片框中通过右键点击拖放绘制一个同图片框背景色同色的矩形块，就可以清除局部区域的线条痕迹。

操作步骤：

(1) 在 VB 环境下创建工程、窗体，在窗体中添加 1 个图片框控件、1 个通用对话框控件和 6 个命令按钮控件，并按图 2-45 调整各控件之间的位置。

(2) 设置各相关控件的属性，如表 2-33 所示。

(3) 编写相关控件的事件代码，如代码 2-63、代码 2-64 和代码 2-65 所示。

(4) 在创建的"实例 32"文件夹中，保存工程文件，命名为"实例 32.vbp"；保存窗体文件，命名为"实例 32.frm"。

(5) 按 F5 功能键，运行程序，画线条，清屏修改，运行结果如图 2-46 所示，并将最终图形保存到"实例 32"文件夹中，命名为 aa.bmp。

表 2-33　各相关控件的属性设置

控件名称	属性名	属性值	说　　明
Form1	Caption	画线示例	
Picture1	Autoredraw	True	自动重绘
Command1	Caption	清屏	
Command2	Caption	画笔颜色	
Command3	Caption	画笔粗细	
Command4	Caption	打开文件	
Command5	Caption	保存文件	
Command6	Caption	退出	

 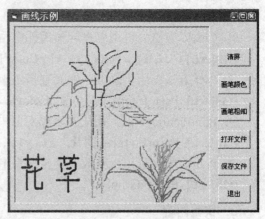

图 2-45　绘图程序设计界面　　　　　　　图 2-46　程序运行效果

代码 2-63

```
Dim x1!, y1!, x2!, y2!, a1%
Private Sub Command1_Click()
    Picture1.Cls                          '清屏
End Sub
Private Sub Command2_Click()
    CommonDialog1.ShowColor          '通过通用对话框调用调色板选择画笔颜色
End Sub
Private Sub Command3_Click()
    a1 = Val(InputBox("请输入画笔画线的宽度(1<x<20):", "设置画笔画线宽度", 2))
    If a1 < 1 Or a1 > 20 Then
        MsgBox "画笔画线的宽度超出范围，请重新设置!"
        Command3.Value = True          '相当于鼠标单击Command3按钮
    End If
End Sub
Private Sub Command5_Click()
    CommonDialog1.Filter = "*.bmp|*.bmp"    '设置显示文件过滤器
    CommonDialog1.ShowSave                  '调用另存文件对话框
    If CommonDialog1.FileName <> "" Then    '判断另存文件名不为空
        '用Savepicture语句，将Picture1控件的Image属性内容保存到另存文件对话框
        '返回的文件名的文件中去。
        SavePicture Picture1.Image, CommonDialog1.FileName
    End If
End Sub
Private Sub Command6_Click()
    Unload Me                         '卸载窗体
End Sub
Private Sub Command4_Click()
    CommonDialog1.Filter = "*.bmp|*.bmp"
    CommonDialog1.ShowOpen                  '调用打开文件对话框
    If CommonDialog1.FileName <> "" Then
        '将选定的图形文件加载中图片框中
        Picture1.Picture = LoadPicture(CommonDialog1.FileName)
    End If
End Sub
```

代码 2-64

```
Private Sub Form_Load()
    a1 = 2                         '赋初值
End Sub
Private Sub Form_MouseMove(Button As Integer, Shift As Int
    Me.MousePointer = 0          '设置鼠标指针形状为默认的箭头
End Sub
```

代码 2-65

```
Private Sub Picture1_MouseDown(Button As Integer, Shift As Integer, X As
    x1 = X - 220: y1 = Y - 220          '保存鼠标按键时的坐标值
    x2 = X - 220: y2 = Y - 220
    If Button = 1 Then
        Picture1.DrawWidth = a1          '设置线条宽度为指定值
    End If
    If Button = 2 Then
        Picture1.DrawWidth = 1           '设定线条宽度为1，以画实线
        Picture1.DrawMode = 7            '设定图片框绘制模式为异或,
    End If
End Sub
Private Sub Picture1_MouseMove(Button As Integer, Shift As Integer, X As
    Picture1.MousePointer = 99          '设置用户自定义鼠标指针图标
        '装入铅笔小图标
    Picture1.MouseIcon = LoadPicture(App.Path + "\pencil.ico")
    If Button = 1 Then                   '判断是否按左键
        '用Pset方法在指定坐标位置上画设定颜色的点
        Picture1.PSet (X - 220, Y - 220), CommonDialog1.color '画线
    End If
    If Button = 2 Then                   '判断是否按右键
        Picture1.Line (x1, y1)-(x2, y2), , B  '消除以前所画矩形痕迹
        x2 = X - 220: y2 = Y - 220       '取当前坐标
        Picture1.Line (x1, y1)-(x2, y2), , B  '用当前坐标重画矩形
    End If
End Sub
Private Sub Picture1_MouseUp(Button As Integer, Shift As Integer, X As S
    If Button = 2 Then                   '判断是否按右键
        Picture1.Line (x1, y1)-(x2, y2), , B  '消除以前所画矩形痕迹
        Picture1.DrawMode = 13           '设置绘制模式为复制笔
        '用图片框背景色填充矩形覆盖线条痕迹
        Picture1.Line (x1, y1)-(X - 220, Y - 220), Picture1.BackColor, BF
    End If
End Sub
```

【实例 33】设计一个程序，用三维饼图表达考试成绩分别在优秀、良好、中、及格和不及格 5 个区间学生人数比例关系。

实例分析: 参考《教程》中例 8-12，在窗体上创建一个图片框。通过文本框输入各区间段的人数，运算获得所占比例。在图片框中采用 Circle 方法画一个二维椭圆饼图，将此二维饼图沿垂直方向向下在 200 个像素点的位置上用循环语句连续画出 200 个相同二维椭圆饼图，就构成三维饼图。然后在饼图下方，用 Line 方法画出几个对应颜色的小方块，并用 Print 方法输出该色彩所代表区间段人数所占比例。运行效果如图 2-47 所示。

操作步骤:

(1) 在 VB 环境中创建工程、窗体，在窗体上添加 1 个图片框控件、1 个框架控件、1 个标签控件数组、1 个文本框控件数组和 2 个命令按钮控件。并按图 2-48 调整好各控件的相互位置。

(2) 设置相关控件的属性，如表 2-34 所示。

(3) 设置各相关控件的事件代码，如代码 2-66 和代码 2-67 所示。

(4) 在创建的"实例 33"文件夹中，保存工程文件，命名为"实例 33.vbp"；保存窗体文件，命名为"实例 33.frm"。

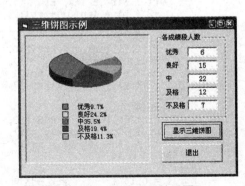

图 2-47　程序运行效果图

(5) 按 F5 功能键，运行程序。

表 2-34　各相关控件的属性设置

控件名称	属性名	属性值	说　明
Form1	Caption	三维饼图示例	
Picture1	Autoredraw	True	自动重绘
Command1	Caption	显示三维饼图	
Command2	Caption	退出	
Label1	Caption	优秀	Index=0
	Caption	良好	Index=1
	Caption	中	Index=2
	Caption	及格	Index=3
	Caption	不及格	Index=4
Text1	Text		Index=0　清空
	Text		Index=1　清空
	Text		Index=2　清空
	Text		Index=3　清空
	Text		Index=4　清空
Frame1	Caption	各成绩段人数	

代码 2-66

```
Private Sub drawcake(mp() As Single)
    Const pi! = 3.1415926
    Dim i%, mratio!, mx!, my!, mr!
    mx = 1650: my = 1000              '设定圆心坐标值
    mr = 1000                        '设定圆半径值
    mratio = 0.4                     '设定椭圆长短轴比率
    Pic1.Cls
    Pic1.FillStyle = 0
    For i = 1 To 200                 '循环语句将多个二维饼图构建成三维饼图
        If mp(0) > 0 Then
            Pic1.FillColor = RGB(208, 128, 128)  '设定所画图形区域填充颜色
            Pic1.Circle (mx, my - i), mr, vbRed, _
                -2 * pi, -2 * pi * mp(0), mratio        '画出所占比例部分扇形
        End If
        If mp(1) > 0 Then
            Pic1.FillColor = RGB(240, 240, 128)
            Pic1.Circle (mx, my - i), mr, vbYellow, _
                -2 * pi * mp(0), -2 * pi * (mp(0) + mp(1)), mratio
        End If
        If mp(2) > 0 Then
            Pic1.FillColor = RGB(128, 128, 240)
            Pic1.Circle (mx, my - i), mr, vbBlue, _
                -2 * pi * (mp(0) + mp(1)), -2 * pi * (mp(0) + mp(1) + mp(2)), mratio
        End If
        If mp(3) > 0 Then
            Pic1.FillColor = RGB(240, 0, 208)
            Pic1.Circle (mx, my - i), mr, vbMagenta, _
                -2 * pi * (mp(0) + mp(1) + mp(2)), _
                -2 * pi * (mp(0) + mp(1) + mp(2) + mp(3)), mratio
        End If
        If mp(4) > 0 Then
            Pic1.FillColor = RGB(128, 240, 128)
            Pic1.Circle (mx, my - i), mr, vbGreen, _
                -2 * pi * (mp(0) + mp(1) + mp(2) + mp(3)), -2 * pi, mratio
        End If
    Next i
    For i = 0 To 4        '设置各区间人数所占百分比数据格式
      mp(i) = Val(Format(mp(i) * 100, "0.0"))
    Next i
    Pic1.FillColor = RGB(208, 128, 128)         '设定同色的方块填充色
```

```
Pic1.Line (1000, 2000)-(1150, 1850), , B    '画小方块
Pic1.Print Space(3); "优秀"; mp(0) & "%"    '输出标注信息
Pic1.FillColor = RGB(240, 240, 128)
Pic1.Line (1000, 2200)-(1150, 2050), , B
Pic1.Print Space(3); "良好"; mp(1) & "%"
Pic1.FillColor = RGB(128, 128, 240)
Pic1.Line (1000, 2400)-(1150, 2250), , B
Pic1.Print Space(3); "中"; mp(2) & "%"
Pic1.FillColor = RGB(240, 0, 208)
Pic1.Line (1000, 2600)-(1150, 2450), , B
Pic1.Print Space(3); "及格"; mp(3) & "%"
Pic1.FillColor = RGB(128, 240, 128)
Pic1.Line (1000, 2800)-(1150, 2650), , B
Pic1.Print Space(3); "不及格"; mp(4) & "%"
End Sub
```

代码 2-67

```
Option Explicit
Private Sub Command1_Click()
  Dim mp(4) As Single, stotal!, i%, j%
  For i = 0 To 4         '将各文本框中的数据存入数组
    mp(i) = Val(Text1(i).Text)
    If mp(i) = 0 Then j = j + 1
    stotal = stotal + mp(i)
  Next i
  If stotal = 0 Or j > 1 Then
    MsgBox "至少要输入2个以上区间段的人数!"
    Exit Sub            '结束该事件，跳出过程
  End If
  For i = 0 To 4                '将各成绩段人数转换为比例
    mp(i) = mp(i) / stotal
  Next i
  Call drawcake(mp)         '调用画图过程，实参为数组
End Sub
Private Sub Command2_Click()
  Unload Me                '卸载窗体
End Sub
Private Sub Text1_KeyPress(Index As Integer, KeyAscii As Integer)
  If Not IsNumeric(Chr(KeyAscii)) And KeyAscii <> 8 Then
    KeyAscii = 0 '若按非数字键或退格键，取消按键
  End If
End Sub
```

【实例 34】如图 2-48 所示，设计一程序演示正弦信号的变化过程。可以将正弦信号的周期增大或缩小 1 倍，也可将正弦信号的振幅扩大或缩小 1 倍，用时钟控件控制正弦信号的绘制过程，能以 3 种不同速度绘制，并可随机停止、继续操作。

实例分析： 正弦信号的数学公式是 y=AsinBx，正弦信号振幅的变化可以通过放大 A 值或缩小 A 值实现，周期的变化可以通过改变 B 值，为了反映正弦信号绘制的动态效果，可添加一时钟控件，用时钟控件控制绘制图形的速度，由于图形像素点密集，即使将时钟控件的 Interval 属性值设置很小时，图形绘制的速度仍很慢，因此，可在时钟控件的 Timer()事件中通过循环语句提高绘制图形的速度。图形的绘制使用 Pset 绘点方法。通过改变时钟控件的 Enabled 属性值，可以停止或继续图形绘制。

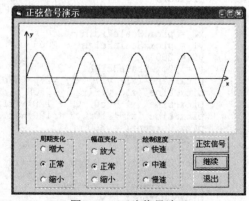

图 2-48　正弦信号演示

操作步骤：

(1) 在 VB 环境下创建工程、窗体，在窗体中添加 1 个图片框控件、3 个命令按钮控件、3 个框架控件，在每个框架控件中再添加一个包含 2 个元素的单选按钮控件数组，根据图 2-48 调整好各控件的相对位置。

(2) 设置各相关控件的属性，如表 2-35 所示。

(3) 编写相关控件的事件代码，如代码 2-68、代码 2-69、代码 2-70 和代码 2-71 所示。

(4) 建立一个名为"实例 34"文件夹，在该文件夹中保存工程文件，名为"实例 34.vbp"，保存窗体文件，名为"实例 34.frm"。

(5) 按下 F5 功能键，运行程序，观察正弦信号在不同条件下的绘制过程。

表 2-35　各相关控件的属性设置

控件名称	属性名	属性值	说　　明
Form1	Caption	正弦信号演示	
Pic1	Autoredraw	True	自动重绘
Command1	Caption	正弦信号	
Command2	Caption	停止	
Command3	Caption	退出	
Frame1	Caption	绘制速度	
Op1(0)	Caption	快速	
Op1(1)	Caption	中速	
Op1(2)	Caption	慢速	
Frame2	Caption	振幅变化	
Op2(0)	Caption	放大	
Op2(1)	Caption	正常	
Op2(2)	Caption	缩小	
Frame3	Caption	周期变化	
Op3(0)	Caption	增大	
Op3(1)	Caption	正常	
Op3(2)	Caption	缩小	

代码 2-68

```
'自定义绘制坐标轴过程
Private Sub drawaxis(picx As PictureBox)
    Dim x1%, y1%, x2%, y2%, y%
    picx.BackColor = vbWhite         '置图片框背景色
    picx.Cls                         '清屏
    picx.DrawStyle = 0               '置图片框为画实线
    x1 = 200
    x2 = picx.ScaleWidth - 200
    y1 = picx.ScaleHeight - 200
    y2 = 200
    y = picx.ScaleHeight / 2
    picx.Line (x1, y1)-(x1, y2), QBColor(0)  'y轴，自下而上
    picx.Line (x1, y)-(x2, y), QBColor(0)    'x轴，自左向右
    picx.Line (x1 - 50, y2 + 120)-(x1, y2), QBColor(0)  '画y轴箭头
    picx.Line (x1 + 50, y2 + 120)-(x1, y2), QBColor(0)
    picx.CurrentX = 300
    picx.CurrentY = 200                      '在指定坐标位置输出y
    picx.Print "y"
    picx.Line (x2 - 120, y + 50)-(x2, y), QBColor(0)  '画x轴箭头
    picx.Line (x2 - 120, y - 50)-(x2, y), QBColor(0)
    picx.CurrentX = x2 - 50                  '在指定坐标位置输出x
    picx.CurrentY = y + 50
    picx.Print "x"
End Sub
```

代码 2-69

```
Option Explicit
Dim intrate%, intdeg%, m!, n!
Private Sub Command1_Click()
     Call drawaxis(Pic1)
     Timer1.Enabled = True
     Command2.Caption = "停止"
     Command1.Enabled = False
End Sub
Private Sub Command2_Click()
  If Command2.Caption = "停止" Then
     Command2.Caption = "继续"
     Timer1.Enabled = False    '暂停时钟控件
  Else
     Command2.Caption = "停止"
     Timer1.Enabled = True     '启动时钟控件
  End If
End Sub
Private Sub Command3_Click()
     End
End Sub
Private Sub Form_Load()
  Timer1.Interval = 50          '赋初值
  Timer1.Enabled = False
  Op1(1).Value = True
  Op2(1).Value = True
  Op3(1).Value = True
  m = 1
  n = 1
End Sub
Private Sub Form_Unload(Cancel As Integer)
  Timer1.Enabled = False    '使时钟控件失效
End Sub
```

代码 2-70

```
Private Sub Timer1_Timer()
  Dim x%, y%, i%, scaly%
  scaly = (Pic1.ScaleHeight - 200) / 4      '信号最大值
  For i = 0 To intrate
    Pic1.CurrentX = 200
    Pic1.CurrentY = (Pic1.ScaleHeight) / 2
    x = intdeg / 180 * scaly           '取画点的x坐标
    y = Sin(m * intdeg * 3.141593! / 180) * n * scaly '取画点y坐标
    Pic1.PSet Step(x, -y), vbBlue
    intdeg = intdeg + 1
    If Pic1.CurrentX >= Pic1.ScaleWidth - 200 Then
      intdeg = 0
      Command2.Value = True
      Command1.Enabled = True
    End If
  Next i
End Sub
```

代码 2-71

```
Private Sub Op1_Click(Index As Integer)
    '改变循环语句的循环次数以调整绘制速度
  Select Case Index
    Case 0              '快速
        intrate = 20
    Case 1              '中速
        intrate = 8
    Case 2              '慢速
        intrate = 2
  End Select
End Sub
```

```
Private Sub Op2_Click(Index As Integer)
    Select Case Index
      Case 0
        n = 2        '放大一倍
      Case 1
        n = 1
      Case 2
        n = 0.5      '缩小一倍
    End Select
End Sub
Private Sub Op3_Click(Index As Integer)
    Select Case Index
      Case 0
        m = 0.5      '周期缩减一倍
      Case 1
        m = 1
      Case 2
        m = 2        '周期扩大一倍
    End Select
End Sub
```

【实例 35】设计一程序，要求可将图片实现左右翻转、上下翻转，动态水平旋转并可随时停止、继续，如图 2-49 所示。

实例分析：实现本题的功能，可应用对象的 PaintPicture 方法来实现。根据题目要求，可在窗体上分别创建两个图片框，在第一个图片框中装入图片，通过调用第二个图片框的 PaintPicrue 方法可以实现图像的复制、翻转、伸缩。其格式为：

目标对象.PaintPicture 源图像, dx , dy[, dw , dh , sx , sy , sw , sh]

如果只是图像的简单复制，调用 PaintPicture 方法时只带有必选参数(目标图像的坐标 dx, dy)即可，其他可选参数均可忽略。如要实现左右、上下翻转或水平旋转，除必选参数外，还需要其他参数参与设置。对于图 2-49 所示的上下翻转，可以看出源图像(图片框 1 中的图像)的左上角坐标为(0，0)，图像的宽度和高度分别为 sw 和 sh，进行上下翻转后在图片框 2 中，对应图片框 1 中坐标为(0,0)的点位于图片框 2 中的左下角，对应于图片框 1 中左下角的点(坐标为(0，sh))位于图片框 2 中的左上角。因此，要实现上下翻转，图片框 2 中起始坐标要对应于图片框 1 中的左下角点的坐标，即：dx=0, dy=sh。由于是上下翻转，在水平 x 轴方向，图片框 1 与图片框 2 中对应点的 x 坐标应是不变化的，而在垂直 y 轴方向上，图片框 1 和图片框 2 中对应点的 y 坐标正好是上下相反，所以，dw=sw, dh=-sh。如果通过时钟控件动态地改变目标对象的水平坐标(dx)和水平宽度(dw)，就可以模拟图像水平旋转的效果，调整时钟控件的 Interval 属性值，改变图像旋转的速度。

操作步骤：

(1) 在 VB 环境中创建工程、窗体，在窗体上添加 2 个图片框控件、5 个命令按钮控件和 1 个时钟控件。根据图 2-49 调整各控件的相对位置。

(2) 设置各相关控件的属性，如表 2-36 所示。

(3) 编写相关控件的事件代码，如代码 2-72 和代码 2-73 所示。

(4) 建立一个名为"实例 35"文件夹，在该文件夹中保存工程文件，命名为"实例 35.vbp"；保存窗体文件，名为"实例 35.frm"。

(5) 按下 F5 功能键，运行程序，观察图片的左右、上下翻转及水平旋转，水平旋转(动态水平方向缩放)的效果，如图 2-50 所示。

图 2-49　绘制图片示例

图 2-50　图片水平旋转效果图

表 2-36　各相关控件的属性设置

控件名称	属性名	属性值	说　　明
Form1	Caption	绘制图片示例	
Picture1	Autosize	True	图片框随图片调整
	Picture	App.path+"\flybird.bmp"	加载图片
Picture2	Autoredraw	True	自动重绘
Command1	Caption	水平旋转	
Command2	Caption	停止	
Command3	Caption	左右翻转	
Command4	Caption	上下	
Command5	Caption	退出	
Timer1	Interval	50	
	Enabled	False	

代码 2-72

```
Private Sub Form_Load()
    hs = Picture1.ScaleWidth      '取图片框1的图像区域宽度
    vs = Picture1.ScaleHeight     '取图片框1的图像区域高度
    iw = hs
    Picture2.Width = Picture1.Width      '使图片框2与图片框1大小相同
    Picture2.Height = Picture1.Height
    Picture2.Left = Picture1.Left        '确定图片框2在窗体上的位置
    Picture2.Top = Picture1.Top + Picture1.Height + 200
End Sub
Private Sub Timer1_Timer()
    izoom = 60                     '设置水平方向一次动态变化的大小
    If i >= Picture1.ScaleWidth Then    '判断坐标变化是否大于源图像的宽度
        fw = -1                    '改变动态变化增减的方向
    End If
    If i <= 0 Then
        fw = 1
    End If
    i = i + fw * izoom / 2         '设计在图片框2中水平坐标的变化
    iw = iw - fw * izoom           '设置水平宽度的变化
    Picture2.Cls                   '对图片框2进行清屏
    Picture2.PaintPicture Picture1.Picture, i, 0, iw, vs
    '当源图像的起点坐标即宽度和高度不变时，可以省略
End Sub
```

代码 2-73

```
Option Explicit
Dim iw%, i%, hs%, vs%, izoom%, fw%
Private Sub Command1_Click()
   Command1.Enabled = False        '禁止对此按钮操作
   Command2.Caption = "停止"        '确保在水平旋转时，此按钮可为"停止"操作
   Command3.Enabled = False
   Command4.Enabled = False
   Command5.Enabled = False
   Timer1.Enabled = True           '启动时钟控件
End Sub
Private Sub Command2_Click()
   If Command2.Caption = "停止" Then
      Command2.Caption = "继续"     '改变按钮标题
      Timer1.Enabled = False        '暂停时钟控件工作
      Command1.Enabled = True       '可对此按钮操作
      Command2.Enabled = True
      Command3.Enabled = True
      Command4.Enabled = True
      Command5.Enabled = True
   Else
      Command2.Caption = "停止"     '改变按钮标题
      Timer1.Enabled = True         '启动时钟控件
      Command1.Enabled = False
      Command2.Enabled = True
      Command3.Enabled = False
      Command4.Enabled = False
      Command5.Enabled = False
   End If
End Sub
Private Sub Command3_Click()   '左右翻转
   Picture2.PaintPicture Picture1.Picture, hs, 0, -hs, vs, 0, 0, hs, vs
End Sub
Private Sub Command4_Click()   '上下翻转
   Picture2.PaintPicture Picture1.Picture, 0, vs, hs, -vs, 0, 0, hs, vs
End Sub
Private Sub Command5_Click()
   End
End Sub
```

4. 实验思考

(1) 在【实例 32】中，当按下右键时，为什么要将图片框的 DrawMode 属性值设置为 7？当松开右键时，为什么又要将此值设置为 13，如果不进行这些变化，会对操作有什么影响？

(2) 在【实例 32】中，当用 Pset 方法和用 Line 方法在图片框中画点和线时，为什么坐标值要减 220？如不减对画线条有什么影响？

(3) 如何将【实例 34】中正弦曲线绘制改变成余弦曲线绘制？

(4) 在【实例 35】中，如要同时实现左右、上下翻转，程序应如何编写？

(5) 在【实例 35】中，如要实现垂直旋转，程序应该如何编写？

实验 9　文　件

1. 实验目的

(1) 熟练掌握文件系统控件(文件列表框、目录列表框、驱动器列表框)的应用。

(2) 了解顺序文件、随机文件、二进制文件的概念和特点。

(3) 掌握常见的文件和目录操作语句及函数的使用。

(4) 掌握顺序文件和随机文件的打开、关闭及读写操作。

(5) 了解二进制文件的打开、关闭和读写操作。

(6) 在应用程序中熟练使用文件。

2．实验预备知识

(1) 文件系统控件。

① 认识 3 个文件系统控件。VB 提供了 3 个可直接浏览系统目录结构和文件的控件：驱动器列表框(DriveListBox)▦、目录列表框(DirListBox)▦和文件列表框(FileListBox)▤。利用它们可建立与文件管理器类似的目录窗口界面。

② 属性和事件。3 个文件系统控件的重要属性和重要事件如表 2-37 所示。

表 2-37　文件系统控件属性和事件

对　　象	重要属性	重要事件
驱动器列表框	Drive	Change
目录列表框	Path	Change
		Click
文件列表框	Path	PathChange
	FileName	Click
	Pattern	DbClick
	List、ListCount、ListIndex	PatternChange

③ 实现文件系统控件联动事件过程。

Private Sub Drive1_Change()

    Dir1.Path = Drive1.Drive   '使目录列表框与驱动器列表框同步

End Sub

Private Sub Dir1_Change()

    File1.Path = Dir1.Path   '使文件列表框和目录列表框同步

End Sub

(2) 文件操作语句。VB 提供了许多与文件操作有关的语句和函数。常见语句如表 2-38 所示，常见函数如表 2-39 所示。

表 2-38　常见文件操作语句

语　　句	功　　能	示　　例
ChDrive	改变当前驱动器	ChDrive "D:\ "
ChDir	改变当前目录	ChDir "D:\MyDir"
MkDir	创建一个新的目录	MkDir "D:\MyDir"
RmDir	删除一个存在的空目录	RmDir "D:\MyDir"
Kill	删除文件	Kill "D:\MyDir \1.TXT"
FileCopy	复制文件	FileCopy "D:\MyDir\Myfile.txt"，"E:\Newfile.txt"
Name	文件改名	Name "oldfile.txt" AS "newfile.txt" Name "d:\oldfile1.txt" AS "e:\newfile1.txt"

表 2-39　常见文件操作函数

函　　数	功　　能
Seek	返回文件指针的当前位置
FreeFile	得到一个在程序中没有使用的文件号

（续表）

函　　数	功　　能
Loc	返回由"文件号"指定的文件的当前读/写位置
LOF	表示打开文件号所对应的文件的大小，该大小以字节为单位
EOF	用来测试文件的指针是否到达文件末尾
CurDir	返回一个字符串值，表示某驱动器的当前路径

(3) 顺序文件操作。

① 文件操作步骤：打开文件、读/写操作、关闭文件。

② 打开文件语句：

Open <文件名> For <方式> As [#] <文件号> [Len=<缓冲区大小>]

其中<方式>有 3 种：Input、Output 和 Append，分别表示以读、写和添加方式打开文件。

③ 写文件语句：

a. **Print #<文件号> , [<输出列表>]**

b. **Write #<文件号> , [<输出列表>]**

④ 读文件语句和函数：

a. **Input #<文件号> , <变量列表>**

b. **Line Input #<文件号> , <字符串变量名>**

c. **变量名=Input$(<读取字符数> , #<文件号>)**

d. **变量名=InputB (<字节数> , #<文件号>)**

⑤ 关闭文件语句：

Close [[#]<文件号列表>]

不加参数，默认关闭所有已打开的文件。

(4) 随机文件操作。

① 打开文件语句：

Open <文件名> [For Random] AS [#] <文件号> [Len＝<记录长度>]

② 写文件语句：

Put [#]<文件号> , [<记录号>] , <变量名>

③ 读文件语句：

Get [#]<文件号> , [<记录号>] , <变量名>

(5) 二进制文件操作。

① 打开文件语句：

Open <文件名> <For Binary> AS [#]<文件号>

② 写文件语句：

Put [#]<文件号> , [<记录号>] , <变量名>

③ 读文件语句：

Get [#]<文件号> , [<记录号>] , <变量名>

3. 实验内容

【实例 36】设计一个文件系统，能够实现打开文件和保存文件等功能。程序运行初始效果如图 2-51 所示，"打开"操作运行效果如图 2-52 所示。

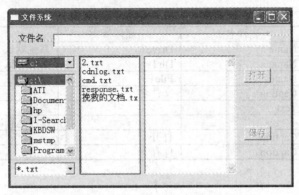

图 2-51 程序运行初始效果

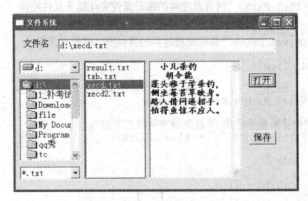

图 2-52 "打开"操作运行效果

实例分析：从运行效果图可以看出，在程序运行过程中，单击文件列表框某个文件，在文本框 1 中显示该文件相应的路径和文件名。如该文件是文本文件，"打开"命令按钮有效。单击"打开"按钮，在文本框 2 中显示该文件的内容，此时，"保存"命令按钮有效，同时可对文本框 2 中文本内容进行编辑；单击"保存"命令按钮，将编辑后的内容保存在原文件中。

程序运行初始，组合框包含所有文件(*.*)、Txt 文件(*.Txt)和 Doc 文件(*.Doc)3 个项目，可以在窗体的 Load 事件中，用代码通过列表框的 Additem 方法添加，同时用文件列表框的 Pattern 设置文本列表框初始显示文件类型为*.Txt，用组合框的 Text 属性设置组合框初始显示文件类型为*.Txt，用 Enabled 属性设置"打开"和"保存"两个命令按钮初始状态为无效状态，用驱动器列表框的 Drive 属性设置初始驱动器为 C 盘。

以此分析，编写相关控件属性及事件的程序代码。

操作步骤：

(1) 在 VB 环境中创建工程、窗体，在窗体上添加 1 个驱动器列表框、1 个目录列表框、1 个文件列表框、1 个标签、1 个组合框、2 个文本框和 2 个命令按钮，并根据图 2-51 调整各控件间的相对位置。

(2) 设置各相关控件的属性，如表 2-40 所示。

(3) 编写相关控件的事件代码，如代码 2-74 和代码 2-75 所示。

(4) 按 F5 功能键，运行程序，观察运行结果。

表 2-40   各相关控件的属性设置

控件名称	属性名	属性值	备 注
Drive1	Name	Drive1	系统默认
Dir1	Name	Dir1	系统默认
File1	Name	File1	系统默认
Label1	Caption	文件名	
Text1/ Text2	Text		清空
Combo1			程序运行时加载数据
Command1	Caption	打开	
Command2	Caption	保存	

代码 2-74

```vb
Dim fname As String
Private Sub Dir1_Change()
    File1.Path = Dir1.Path    '将目录控件的路径属性变化赋于文件控件
End Sub
Private Sub Drive1_Change()
    Dir1.Path = Drive1.Drive '将驱动器控件的属性变化赋于目录控件
End Sub
Private Sub File1_Click()
    Text2.Text = ""
    If Right(File1.Path, 1) = "\" Then   '当前选定的目录是根目录
        fname = File1.Path + File1.FileName
    Else
        '当前选定的目录是子目录,子目录与文件名之间加"\"
        fname = File1.Path + "\" + File1.FileName
    End If
    Text1.Text = fname
    If Right(fname, 3) = "txt" Then
        Command1.Enabled = True
    End If
End Sub
Private Sub Form_Load()
    Combo1.AddItem "*.*"
    Combo1.AddItem "*.txt"
    Combo1.AddItem "*.doc"
    Combo1.Text = "*.txt"
    File1.Pattern = "*.txt"       '设置文件列表框显示过滤器
    Drive1.Drive = "c:\"          '设置默认驱动器盘符
    Command1.Enabled = False
    Command2.Enabled = False
End Sub
```

代码 2-75

```vb
Private Sub Combo1_Click()
    File1.Pattern = Combo1.Text
End Sub
Private Sub Command1_Click()
    Open fname For Input As #1
    Do While Not EOF(1)
        Line Input #1, s
        Text2.Text = Text2.Text + s + vbCrLf
    Loop
    Close #1
    Command2.Enabled = True
End Sub
Private Sub Command2_Click()
    Open fname For Output As #1
    Print #1, Text2.Text
    Close #1
    File1.Refresh
    Command1.Enabled = False
    Command2.Enabled = False
End Sub
```

【实例 37】试编写一个简单的文件管理器，可实现对文件更名、删除、移动及复制等功能。程序运行初始效果如图 2-53 所示，"更名"操作运行及效果如图 2-54 和图 2-55 所示。

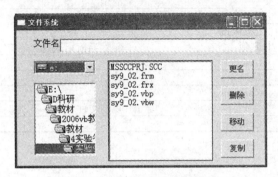

图 2-53　程序运行初始效果

图 2-54　"更名"操作运行

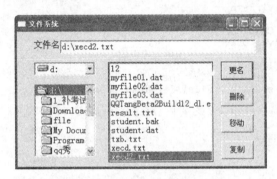

图 2-55　"更名"操作运行效果

实例分析：从运行效果图可以看出，在程序运行过程中，单击文件列表框中某个文件，在文本框 1 中显示该文件相应的路径和文件名；单击"更名"命令按钮，弹出对话框，用户输入新的文件名，完成更名操作；单击"删除"命令按钮，弹出确认是否删除文件对话框，选择"是"，则删除文件，选择"否"，不删除文件；单击"移动"命令按钮，弹出对话框，用户输入目标位置和新的文件名，完成移动操作；单击 "复制"命令按钮，弹出对话框，用户输入目标位置和新的文件名，完成复制操作。

操作步骤：

(1) 在 VB 环境中创建工程、窗体。在窗体上添加 1 个驱动器列表框、1 个目录列表框、1 个文件列表框、1 个标签、1 个文本框和 4 个命令按钮，并根据图 2-53 调整各控件的位置。

(2) 设置各控件对象的属性，如表 2-41 所示。

(3) 编写相关控件的事件代码，如代码 2-76、代码 2-77 和代码 2-78 所示。

(4) 按 F5 功能键，运行程序，观察程序运行的各种状况。

表 2-41　各控件的属性设置

控件名称	属性名	属性值	备　注
Drive1	Name	Drive1	系统默认
Dir1	Name	Dir1	系统默认
File1	Name	File1	系统默认
Label1	Caption	文件名	

(续表)

控件名称	属性名	属性值	备　注
Text1	Text		清空
Command1	Caption	更名	更改文件名
	Name	Comrena	
Command2	Caption	删除	删除当前记录
	Name	Comdel	
Command3	Caption	移动	移动文件
	Name	Commove	
Command4	Caption	复制	复制文件
	Name	Comcopy	

代码 2-76

```
Dim s As String
Dim fn As String
Private Sub Dir1_Change()
    File1.Path = Dir1.Path
End Sub
Private Sub Drive1_Change()
    Dir1.Path = Drive1.Drive
End Sub
Private Sub File1_Click()
    If Right(File1.Path, 1) = "\" Then
        fname = File1.Path + File1.FileName
    Else
        fname = File1.Path + "\" + File1.FileName
    End If
    Text1.Text = fname
End Sub
```

代码 2-77

```
Private Sub Comcopy_Click()              '复制操作
    If File1.ListIndex < 0 Then Exit Sub
    fn = File1.List(File1.ListIndex)
    s = InputBox("将" & fn & "复制为:")
    If s = "" Then Exit Sub
    FileCopy Dir1.Path & "\" & fn, s
    File1.Refresh
End Sub
Private Sub Comdel_Click()               '删除文件
    If File1.ListIndex < 0 Then Exit Sub
    fn = File1.List(File1.ListIndex)
    s = MsgBox("是否将" & fn & "删除:", vbYesNo)
    If s <> VbMsgBoxResult.vbYes Then Exit Sub
    Kill Dir1.Path & "\" & fn
    Text1.Text = ""
    File1.Refresh
End Sub
Private Sub Command1_Click()
    s = InputBox("输入新建文件夹的位置和名称:")
    If s = "" Then Exit Sub
    MkDir s
End Sub
```

代码 2-78

```
Private Sub Commove_Click()              '移动文件
    If File1.ListIndex < 0 Then Exit Sub
    fn = File1.List(File1.ListIndex)
    s = InputBox("是否将" & fn & "移动为:")
    If s = "" Then Exit Sub
    FileCopy Dir1.Path & "\" & fn, s        '将当前选中的文件复制到目标位置
    Kill Dir1.Path & "\" & fn               '将当前选中的文件删除
```

```
    Text1.Text = s
    File1.Refresh
End Sub
Private Sub Comrena Click()              '改文件名
    If File1.ListIndex < 0 Then Exit Sub
    fn = File1.List(File1.ListIndex)      '将选中的文件放入变量fn中
    s = InputBox("将" & fn & "更名为:")
    If s = "" Then Exit Sub
    Name Dir1.Path & "\" & fn As s        '文件更名
    Text1.Text = s
    File1.Refresh
End Sub
```

【实例 38】分别使用 Print 语句和 Write 语句建立 1 个文本文件，其中包含 4 个学生的姓名(字符串)、专业(字符串)和年龄(整型)等 3 项内容，然后将其显示出来。"显示"文件内容的操作运行效果如图 2-56 所示。

实例分析：从运行效果图可以看出，程序运行过程中，可先单击"建立"命令，分别使用 Print 语句和 Write 语句建立两个文件，分别命名为 d:\st1.txt 和 d:\st2.txt。文件内容可参考图 2-56 所显示内容(也可由学生自己决定)。然后单击"显示"命令按钮，将刚建立的两个文件 d:\st1.txt 和 d:\st2.txt 的内容读出，并分别在两个文本框中显示。

按此分析编写相关控件属性及事件的程序代码。

图 2-56　"显示"操作运行效果

操作步骤：

(1) 建立程序窗体，添加控件。建立一个程序窗体，在窗体上添加 2 个文本框和 2 个命令按钮，并按照图 2-56 调整各控件间的相对位置。

(2) 设置各控件对象的属性，如表 2-42 所示。

(3) 编写相关控件的事件代码，如代码 2-79 和代码 2-80 所示。

(4) 按 F5 功能键，运行程序。点击"建立"按钮，然后点击"显示"按钮。

表 2-42　各控件的属性设置

控件名称	属性名	属性值
Text1/Text2	Text	空
	MultiLine	True
	ScrollBars	2
Command1	Caption	建立
Command2	Caption	显示

代码 2-79

```
Private Sub Command1_Click()       '分别用Print和Write建立两个顺序文件
    Open "d:\st1.txt" For Output As #1
    Open "d:\st2.txt" For Output As #2
    Print #1, "姓名"; Tab(8); "专业"; Tab(16); "年龄"
    Print #1, "张莉"; Tab(8); "计算机"; Tab(16); 22
    Print #1, "李渊"; Tab(8); "自动化"; Tab(16); 21
    Print #1, "李白宜"; Tab(7); "通信"; Tab(16); 20
    Print #1, "周信息"; Tab(7); "自动化"; Tab(15); 20
    Close #1
    Print #2, "姓名"; Tab(8); "专业"; Tab(16); "年龄"
    Write #2, "张莉"; Tab(8); "计算机"; Tab(16); 22
    Write #2, "李渊"; Tab(8); "自动化"; Tab(16); 21
    Write #2, "李白宜"; Tab(7); "通信"; Tab(16); 20
```

```
    Write #2, "周信息"; Tab(7); "自动化"; Tab(15); 20
    Close #2
End Sub
```

代码 2-80

```
Private Sub Command2_Click()        '分别在两个文本框中显示两个文件的内容
    Text1.Text = ""
    Text2.Text = ""
    Open "d:\st1.txt" For Input As #1
    Do While Not EOF(1)
        Line Input #1, Data1
        Text1.Text = Text1.Text + Data1 + Chr(13) + Chr(10)
    Loop
    Close #1
    Open "d:\st2.txt" For Input As #2
    Do While Not EOF(2)
        Line Input #2, Data2
        Text2.Text = Text2.Text + Data2 + vbCrLf
    Loop
    Close #2
End Sub
```

【实例 39】设计一个如图 2-57 所示的界面，在窗体上画出 N 个随机生成的彩色点，同时可以将其擦除和重新加载。"画点"操作程序运行效果如图 2-58 所示。

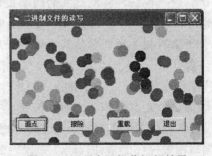

图 2-57　程序运行初始效果　　　　图 2-58　"画点"操作运行效果

实例分析： 从运行效果图可以看出，在程序运行过程中，可先单击"画点"命令按钮，弹出对话框，询问画点的个数，用户回答后即在窗体上画出随机生成的彩色点，同时将各点的位置和颜色写入指定的二进制文件中；然后单击"擦除"命令按钮，将窗体上刚生成的彩色点擦除；再单击"重载"命令按钮，屏幕上重现刚才画过的彩色点；最后单击"退出"命令按钮，退出应用程序。

程序运行初始用 Enabled 属性设置"擦除"和"重载"两命令按钮初始状态为无效状态。

操作步骤：

(1) 在 VB 环境中创建工程、窗体，在窗体上添加 4 个命令按钮。

(2) 设置各相关控件的属性，如表 2-43 所示。

(3) 编写相关控件的事件代码，如代码 2-81 所示。

表 2-43　各相关控件的属性设置

控件名称	属性名	属性值
Command1	Caption	画点
Command2	Caption	擦除
Command3	Caption	重载
Command4	Caption	退出

代码 2-81

```
Dim n As Long          '画点的个数,在"通用/声明"处用定义
Private Sub Form_Load()
    Command2.Enabled = False
    Command3.Enabled = False
End Sub
Private Sub Command1_Click()        '画点
    Open "d:\huadian.img" For Binary As #1
    n = InputBox("请输入随机点的个数")
    For i = 1 To n
        ScaleWidth = 100            '设置比例
        ScaleHeight = 100
        DrawWidth = 20             '设置点的大小
        mx = Rnd * 100             '设置随机点坐标(mx,my)
        my = Rnd * 100
        mred = Rnd * 255           '设置随机颜色
        mgreen = Rnd * 255
        mblue = Rnd * 255
        PSet (mx, my), RGB(mred, mgreen, mblue)    '画点
        Put #1, , mx
        Put #1, , my
        Put #1, , mred
        Put #1, , mgreen
        Put #1, , mblue
    Next i
    Close #1
    Command2.Enabled = True
    Command3.Enabled = True
End Sub
Private Sub Command2_Click()        '擦除
    Form1.Cls
End Sub
Private Sub Command3_Click()        '重载
    Open "d:\huadian.img" For Binary As #1
    ScaleWidth = 100
    ScaleHeight = 100
    DrawWidth = 20
    For i = 1 To n
        Get #1, , mx
        Get #1, , my
        Get #1, , mred
        Get #1, , mgreen
        Get #1, , mblue
        PSet (mx, my), RGB(mred, mgreen, mblue)    '画点
    Next i
    Close #1
End Sub
Private Sub Command4_Click()
    End
End Sub
```

【实例 40】设计学生通信录管理程序。将联系人的信息存入随机文件中,能够实现添加、删除、查询等功能。程序运行初始效果如图 2-59 所示,"添加"操作运行效果如图 2-60 所示。

实例分析: 从运行效果图可以看出,在程序运行过程中,在 5 个文本框中输入信息,单击"添加"命令按钮,弹出对话框,询问所添加的信息的学号在原文件中是否存在。如果存在,是否要修改原来信息(如图 2-61)。选择是,修改原来信息,否则,在文本框中显示原来信息;单击"删除"命令按钮,将当前信息删除;单击"查询"命令按钮,按"学号"查询记录,查询到记录,将其在文本框中显示,当查询记录不存在时,显示"查无此人!";单击"退出"命令按钮,退出应用程序。

程序运行初始,文本框中显示文件中第 1 条信息。

图 2-59 程序运行初始效果　　　　　图 2-60 "添加"操作运行效果

操作步骤：

(1) 在 VB 环境中创建工程、窗体，在窗体上添加 5 个标签、5 个文本框和 4 个命令按钮。

(2) 设置各相关控件的属性，如表 2-44 所示。

(3) 在标准模块中创建自定义数据类型，如代码 2-82 所示。编写程序，如代码 2-83、代码 2-84、代码 2-85 和代码 2-86 所示。

(4) 按 F5 功能键，运行程序。

表 2-44　各相关控件的属性设置

控件名称	属性名	属性值	备　　注
Label1	Caption	学号：	
Label2	Caption	姓名：	
Label3	Caption	学院：	
Label4	Caption	电话：	
Label5	Caption	E-Mail：	
Text1/ Text2/ Text3	Text		清空
Text4/ Text5	Text		清空
Command1	Caption	添加	
Command2	Caption	删除	
Command3	Caption	查询	
Command4	Caption	退出	

代码 2-82

```
Type student
    xh As String * 10
    xm As String * 10
    xy As String * 20
    dh As String * 13
    Email As String * 40
End Type
```

代码 2-83

```
Dim xs As student            '定义变量存放当前记录
Dim rec_no As Integer        '当前记录
Dim rec total As Integer     '记录总长度
Private Sub Form_Load()
    Call fopen
End Sub
Private Sub Form_Unload(Cancel As Integer)
    Close #1
End Sub
```

图 2-61 "修改"提示对话框

代码 2-84

```
Private Sub pput()              '写文件过程
    With xs
        .xh = Text1.Text
        .xm = Text2.Text
        .xy = Text3.Text
        .dh = Text4.Text
        .Email = Text5.Text
    End With
    Put #1, rec_no, xs
End Sub
Private Sub pdisplay()          '读文件过程
    Get #1, rec_no, xs
    With xs
        Text1.Text = .xh
        Text2.Text = .xm
        Text3.Text = .xy
        Text4.Text = .dh
        Text5.Text = .Email
    End With
End Sub
Private Sub fopen()       '打开文件过程
    Open "d:\txb.txt" For Random As #1 Len = Len(xs)
    rec_total = LOF(1) / Len(xs)
    If rec_total <= 0 Then
        Text1.Text = ""
        Text2.Text = ""
        Text3.Text = ""
        Text4.Text = ""
        Text5.Text = ""
    Else
        rec_no = 1           '如果文件中有信息,显示第1条信息
        Call pdisplay
    End If
End Sub
```

代码 2-85

```
Private Sub Command1_Click() '添加信息
    Dim i As Integer
    Dim s As Integer
    For i = 1 To rec_total   '添加前查询通讯簿,确定联系人是否已存在
        Get #1, i, xs
        If Trim(xs.xh) = Trim(Text1.Text) Then
            s = MsgBox("通讯簿中已存在该联系人", vbQuestion + vbYesNo, "修改")
            rec_no = i
            If s = vbYes Then
                Call pput        '修改该联系人的信息
            Else
                Call pdisplay    '显示该联系人的信息
            End If
            Exit Sub
        End If
    Next i
    rec_total = rec_total + 1
    rec_no = rec_total           '在文件末尾添加信息
    Call pput
End Sub
Private Sub Command2_Click()     '删除信息
    Dim i As Integer
    Open "d:\txbbak.txt" For Random As #2 Len = Len(xs) '打开一个临时文件
    For i = 1 To rec_total
        If i <> rec_no Then       '删除当前记录以外的记录,存入临时文件
            Get #1, i, xs
            Put #2, , xs
        End If
    Next i
    Close
```

```
    Kill "d:\txb.txt"
    Name "d:\txbbak.txt" As "d:\txb.txt"
    Call fopen
End Sub
```

代码 2-86

```
Private Sub Command3_Click()      '查询信息
    Dim i As Integer
    Dim s As String
    s = InputBox("请输入查询学号:")
    For i = 1 To rec_total
      Get #1, i, xs
      If Trim(xs.xh) = Trim(s) Then
        rec_no = i
        Call pdisplay
        Exit Sub
      End If
    Next i
    MsgBox "查无此人!"
End Sub
Private Sub Command4_Click()
    End
End Sub
Private Sub Command5_Click()
    If rec_no > 1 Then
      rec_no = rec_no - 1
      Call pdisplay
    Else
      MsgBox "已是首记录了!", 64, "首记录"
      Command5.Enabled = False
    End If
End Sub
Private Sub Command6_Click()
    If rec_no < rec_total Then
      rec_no = rec_no + 1
      Call pdisplay
    Else
      MsgBox "末记录了!", 64, "末记录"
      Command6.Enabled = False
    End If
End Sub
```

4. 实验思考

(1) 在【实例 36】中，当在组合框中选择的文件类型是所有文件(*.*)时，如果文件类型是.exe 文件，在文件列表框中双击此文件，执行该文件，应该在哪一控件的什么事件中编写哪些代码去实现这一功能？

(2) 在【实例 36】中，利用通用对话框 CommonDialog 改写"打开"文件和"保存"文件程序代码，并比较它们间的区别。

(3) 在【实例 37】中，增加一个"新建文件夹"命令按钮，要求在用户指定的位置新建一个文件夹。如何编写程序代码完成该功能？

(4) 在【实例 38】中，归纳 Print 语句和 Write 语句的区别。

(5) 在【实例 39】中，能否将打开文件模式改成顺序文件的模式和随机文件模式？试一试，如果能，应如何修改程序代码？

(6) 在【实例 40】中，是在标准模块中定义记录类型 student 的，如果不使用标准模块，将这些定义写在窗体模块中是否可以？试一试。

(7) 在【实例 40】中，增加一个"上一个"命令按钮，要求单击它，向前移动记录指针，显示上一个记录，当移动到首记录时，提示"已是首记录"，同时该命令按钮变成无效状态；增加一个"下一个"命令按钮，要求单击它，向后移动记录指针，显示下一个记录，当移动到最后一个记录时，提示"已是末记录"，同时该命令按钮变成无效状态。如何编写程序代码完成这些功能？

实验 10 数据库的简单操作

1. 实验目的

(1) 掌握建立数据库的一般步骤。

(2) 掌握用 DATA 控件管理数据库。

(3) 掌握用 ADO 控件管理数据库。

(4) 掌握结构化查询语言 SQL 的使用。

(5) 了解报表的制作。

2. 实验预备知识

(1) 数据库的建立。在 VB 窗口的菜单栏中选择"外接程序/可视化数据管理"菜单项；在弹出的窗口中选择"文件/新建/Microsoft Access/Version7.0MDB"菜单项；在弹出的对话框中输入数据库名，单击"保存"按钮；在打开的"数据库"窗口中单击右键，然后在弹出的快捷菜单中选择"新建表"，打开表结构"对话框。根据对话框的提示操作即可建立数据库表。

(2) Data 控件。

① Data 控件的主要属性：

a. Connect 属性：指定数据控件所要连接的数据库类型。

b. DatabaseName 属性：用来确定具体使用的数据库文件，包括文件所在的路径名。

c. RecordSource 属性：确定需要访问的数据库中数据表的名称。

d. RecordType 属性：确定记录集类型，可以选择的类型是表、动态集和快照。

e. ReadOnly 属性：用于返回或设置一个逻辑值，用于指定数据库的打开方式。

f. Exclusive 属性：用于控制被打开的数据库是否允许被其他应用程序共享。

g. EofAction 和 BofAction 属性。

当记录指针指向 Recordset 对象的开始(第一个记录前)或结束(最后一个记录后)时，数据控件的 EofAction 和 BofAction 属性的设置或返回值决定了数据控件要采取的操作。

② Data 控件的常用方法：

a. Refresh 方法。可以在 Data 控件上使用 Refresh 方法来打开或重新打开数据库。

b. UpdateControls 方法。用这种方法将被连接控件的内容恢复为其原始值，等效于用户更改了数据之后决定取消更改。

c. UpdateRecord 方法。使用此方法不移动记录集的指针可强制数据控件将绑定控件内的数据写入到数据库中，同时也不会触发 Validate 事件。

③ Data 控件的事件：

a. Reposition 事件。当一条记录成为当前记录时触发该事件。

b. Validate 事件。可用此事件检查被数据控件绑定的控件内的数据是否发生变化。

(3) ADO 控件。其属性如下：

① ConnectionString 属性：连接字符串，表达与数据源建立连接的相关信息。

② UserName 属性：用户名。当数据库有访问控件安全保护时，需要指定该属性。

③ Password 属性：在访问一个受保护的数据库时它是必须的。

④ RecordSource 属性：确定具体可访问的数据，这些数据构成记录集对象 Recodset。

⑤ ConnectionTimeout 属性：用于数据连接的超时设定。

⑥ MaxRecords 属性：定义从一个查询中最多能返回的记录数。

(4) SQL 语言。SQL 语句最主要的功能就是查询功能，SQL 语句提供了 Select 语句用于检索和显示一个或多个数据库表中的数据。常见的 Select 语句包含 6 部分，其语法形式为：

Select　[All | Distinct]　<字段表>|<目标列表达式>|<函数>

From　<表名或视图名>

[Where　<查询条件>]

[Group　By　<列名 1>　[Having<条件表达式>]]

[Order　By　<列名 2>　[ASC|DESC]]

3．实验内容

【实例 41】创建和访问数据库。

(1) 使用可视化数据库管理器建立一个 Access 数据库 Student.mdb，包括 student、score 和 lesson 表。表结构分别如表 2-45、表 2-46 和表 2-47 所示。

表 2-45　student 表

字段名	类型及长度	索引名
学号	文本 8 位	ID
姓名	文本 8 位	name
性别	布尔	
出生日期	日期	
专业	文本 12 位	
家庭住址	文本 20 位	
联系电话	文本 13 位	
照片	二进制	
备注	备注	

表 2-46　score 表

字段名	类型及长度	索引名
学号	文本 8 位	ID
课程号	文本 8 位	lessid
成绩	单精度	
学期	整型	

表 2-47　lesson

字段名	类型及长度	索引名
课程号	文本 8 位	lessid
课程名	文本 20 位	
教师	文本 8 位	
学分	整型	

(2) 设计一个多文档窗体,在各子窗体内通过文本框、标签图像框等绑定控件分别显示 student、score 和 class 表内的记录。对数据控件属性进行设置,使之可以对记录集直接进行增加与修改操作。

(3) 进行增加、修改操作。在每个窗体加入适当的按钮或窗体菜单。程序运行主界面如图 2-62 所示。

实例分析: 从运行效果图(图 2-62)可以看出,在程序运行过程中,有 3 个菜单选项:学生信息、成绩和课程。单击 "学生信息" 菜单时弹出学生信息窗体,显示结果如图 2-63 所示;单击 "成绩" 菜单时成绩信息窗体,显示结果如图 2-64 所示;单击 "课程" 菜单时弹出课程信息窗体,显示结果如图 2-65 所示。

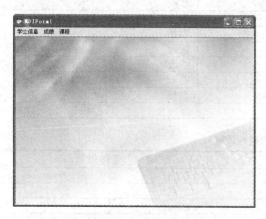

图 2-62　主窗体

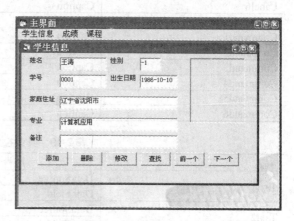

图 2-63　学生信息窗体

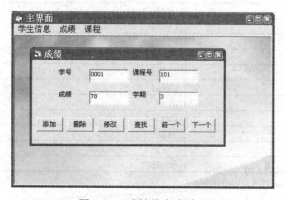

图 2-64　成绩信息窗体

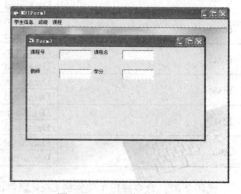

图 2-65　课程信息窗体

操作步骤:

(1) 建立程序窗体,添加控件。建立 1 个程序 MDI 窗体,在窗体上建立 "学生信息"、"成绩" 和 "课程" 3 个菜单。

(2) 添加 3 个窗体 form1、form2 和 form3。在图 2-66 的 form1 窗体中添加 7 个文本框、7 个标签框、1 个图片框、6 个命令按钮和 1 个 Data 控件。7 个标签框和 6 个命令按钮的 Caption 属性如表 2-48 所示,其余各控件的属性如表 2-49 所示。

(3) 编写窗体 Form1 相关控件的事件代码,如代码 2-87、代码 2-88、代码 2-89 和代码

2-90 所示。

    (4) 另外两个窗体的操作与此相似，请自行完成。

    (5) 按 F5 功能键，运行程序，输入数据，观察数据存储及访问。

表 2-48　标签框和命令按钮的 Caption 属性设置

控件名称	属性名	属性值
Label1	Caption	姓名
Label2	Caption	性别:
Label3	Caption	学号:
Label4	Caption	出生日期:
Label5	Caption	家庭住址
Label6	Caption	专业
Label7	Caption	备注
Command1	Caption	添加
Command2	Caption	删除
Command3	Caption	修改
Command4	Caption	前一个
Command5	Caption	查找
Command6	Caption	下一个

表 2-49　其余控件的属性设置

控件名称	属性名	属性值
Text1	DataSource	Data1
	DataField	姓名
Text2	DataSource	Data1
	DataField	姓别
Text3	DataSource	Data1
	DataField	学号
Text4	DataSource	Data1
	DataField	出生日期
Text5	DataSource	Data1
	DataField	家庭住址
Text6	DataSource	Data1
	DataField	专业
Text7	DataSource	Data1
	DataField	备注
Data1	DatabaseName	student
	RecordSuorce	Student

代码 2-87　命令按钮 1 控件的 Click 事件代码

```
Private Sub Command1_Click()
  On Error Resume Next    '错误捕获语句
  Command3.Enabled = Not Command3.Enabled
  Command5.Enabled = Not Command5.Enabled
  If Command1.Caption = "添加" Then
    Command1.Caption = "确认"
    Command2.Caption = "放弃"
    Command4.Enabled = False
    Command6.Enabled = False
    Data1.Recordset.AddNew
    Text1.Locked = False  '允许在文本框中操作
    Text2.Locked = False: Text3.Locked = False
    Text4.Locked = False: Text5.Locked = False
    Text6.Locked = False: Text7.Locked = False
```

```
      Text1.SetFocus        '把光标定位于文本框
   Else
      Command1.Caption = "添加"
      Command2.Caption = "删除"
      Command4.Enabled = True
      Command6.Enabled = True
      Data1.Recordset.Update   '把修改添加到data1中
      Data1.Recordset.MoveLast  '指针移至最后一条记录
      Text1.Locked = True    '禁止在文本框中操作
      Text2.Locked = True:  Text3.Locked = True
      Text4.Locked = True:  Text5.Locked = True
      Text6.Locked = True:  Text7.Locked = True
   End If
End Sub
```

代码 2-88 命令按钮 2 控件的 Click 事件代码

```
Private Sub Command2_Click()
   On Error Resume Next
   If Command2.Caption = "删除" Then
      Data1.Recordset.Delete  '删除当前记录
      Data1.Recordset.MoveNext  '指针移至下一条记录
       '如果到文件尾，则移至最后一条记录
      If Data1.Recordset.EOF Then Data1.Recordset.MoveLast
   Else
      Command1.Caption = "添加": Command3.Caption = "修改"
      Command1.Enabled = True: Command2.Enabled = True
      Command3.Enabled = True: Command2.Caption = "删除"
      Command5.Enabled = True
      Command4.Enabled = True:   Command6.Enabled = True
      Data1.UpdateControls          '终止数据修改
      Data1.Recordset.MoveLast      '移至最后记录
   End If
End Sub
```

代码 2-89 命令按钮 3 控件的 Click 事件代码

```
Private Sub Command3_Click()
   On Error Resume Next
   Command1.Enabled = Not Command1.Enabled
   Command5.Enabled = Not Command5.Enabled
   If Command3.Caption = "修改" Then
      Command3.Caption = "确认"
      Command2.Caption = "放弃"
      Command4.Enabled = False:     Command6.Enabled = False
      Data1.Recordset.Edit  '编辑当前记录
      Text1.Locked = False  '允许在文本框中操作
      Text2.Locked = False:  Text3.Locked = False
      Text4.Locked = False:  Text5.Locked = False
      Text6.Locked = False:  Text7.Locked = False
      Text1.SetFocus      '把光标定位于文本框
   Else
      Command3.Caption = "修改"
      Command2.Caption = "删除"
      Command4.Enabled = True:     Command6.Enabled = True
      Data1.Recordset.Update  '把修改添加到data1中
      Text1.Locked = True  '禁止在文本框中操作
      Text2.Locked = True:  Text3.Locked = True
      Text4.Locked = True:  Text5.Locked = True
      Text6.Locked = True:  Text7.Locked = True
   End If
End Sub
```

代码 2-90　　窗体 Load 事件和命令按钮 4~6 控件的 Click 事件代码

```
Private Sub Command4_Click()
  Data1.Recordset.MovePrevious
  If Data1.Recordset.BOF Then Data1.Recordset.MoveFirst
End Sub
Private Sub Command5_Click()
  Dim mno As String
  mno = InputBox$("请输入学号", "查找窗")
     '查找满足条件的第一条记录
  Data1.Recordset.FindFirst "学号='" & mno & "'"
  If Data1.Recordset.NoMatch Then MsgBox "无此学号!", , "提示"
End Sub
Private Sub Command6_Click()
Data1.Recordset.MoveNext
If Data1.Recordset.EOF Then Data1.Recordset.MoveLast
End Sub
Private Sub Form_Load()
  Text1.Locked = True　'禁止对文本框操作
  Text2.Locked = True:　Text3.Locked = True
  Text4.Locked = True:　Text5.Locked = True
  Text6.Locked = True:　Text7.Locked = True
End Sub
```

【实例 42】用 SQL 语句实现如下功能操作。

(1) 用 SQL 指令按学生专业统计 student1 数据库内 student 表中各专业的人数，要求按如图 2-66 所示形式输出。

(2) 从 student1 数据库内的 student 数据表和 score 表中选择数据，获取平均值最好的前 5 名学生的名单。名单要求包括学号、姓名、性别和平均成绩等数据。运行界面如图 2-67 所示。

实例分析：可以创建两个窗体。在第 1 个窗体的 Load 事件中显示统计结果，通过第 1 个窗体的 Click 事件，以模式方式显示第 2 个窗体。在第 2 个窗体的 Load 事件中显示多表组合查询统计结果。由于 student1 数据库的两个数据表中没有现成的平均成绩字段，故需要通过成绩字段产生。可在 Select 语句中选用 Top 谓词从学生表返回一定数量的记录，并使用 Into 子句将记录复制到 1 个临时表中。然后再使用第 2 个 Select 语句从临时表和基本情况表中选择所需字段。

图 2-66　统计结果

图 2-67　多表组合统计结果

操作步骤：

(1) 在 VB 环境中创建工程、创建 2 个窗体，在 2 个窗体上分别添加 1 个 Data 数据控件和 1 个网格控件。

(2) 设置控件的相关属性，如表 2-50 所示。

(3) 编写相关控件的事件代码，窗体 1 的代码如代码 2-91 所示，窗体 2 的代码如代码 2-92 所示。

(4) 按 F5 功能键, 运行程序, 显示图 2-66。单击窗体 1, 弹出窗体 2, 如图 2-67 所示。

表 2-50   各相关控件的属性设置

控件名称	属性名	属性值	说　明
Form1	Caption	数据库统计示例	
MSFlexGrid1	DataSource	Data1	网格控件数据源
Data1	DataBaseName	App.path & "\student1.mdb"	数据控件数据源
	Caption	Date1	
Form2	Caption	数据库查询示例	
MSFlexGrid1	DataSource	Data1	网格控件数据源
Data1	DataBaseName	App.path & "\student1.mdb"	数据控件数据源
	Caption	Date1	
Command1	Caption	关闭	

代码 2-91

```
Private Sub Form_Click()
  Form2.Show 1        '以模式方式显示窗体2
End Sub
Private Sub Form_Load()
  Dim tj As String      '定义查询条件变量
    '设置数据控件的源数据库
  Data1.DatabaseName = App.Path & "\student1.mdb"
    '按题意设置查询统计条件
  tj = "Select 专业,count(*) As 人数 From stuin Group By 专业"
    '设置数据控件数据记录源
  Data1.RecordSource = tj
End Sub
```

代码 2-92

```
Private Sub Command1_Click()
  Unload Me    '关闭窗体2
End Sub
Private Sub Form_Load()
  Dim db As Database, sql As String
  Data1.DatabaseName = App.Path & "\student1.mdb"
  Set db = OpenDatabase(App.Path & "\student1.mdb")
  On Error Resume Next
  sql = "Select Top 5 学号,Avg(成绩) as 平均成绩 into temp"
  sql = sql & " From score Group By 学号 Order By Avg(成绩) Desc"
  db.Execute "Drop Table temp;"     '删除上次的临时表
  db.Execute sql                    '产生临时表temp
  Data1.RecordSource = "Select stuin.学号,stuin.姓名," _
  & "stuin.专业,stuin.性别,temp.平均成绩" _
  & " From stuin,temp Where stuin.学号=temp.学号"
  db.Close
End Sub
```

【实例 43】设计一个窗体, 通过使用 ADO 数据控件和相应的绑定控件浏览 student 表内的记录。

实例分析: 用 ADO 对象访问数据库要创建的数据链接。

操作步骤:

(1) 在 VB 环境中创建工程和窗体, 通过"工程/部件"菜单命令选择"Microsoft ADO Data Control 6.0(OLE DB)"选项, 将 ADO 数据控件添加到工具箱。在窗体上添加 1 个 ADO 数据控件、1 个图片框控件、7 个文本框控件和 7 个标签控件, 根据图 2-68 调整各控件相对位置。

(2) 设置相关控件的属性, 属性如表 2-51 所示。

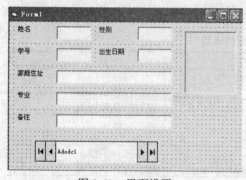

图 2-68　界面设置

(3) Adodc1 的设置：

① 在窗体上放置 ADO 数据控件，控件名使用默认名"Adodc1"。

② 单击属性窗口中的 ConnectionString 属性右边的"…"按钮，弹出属性页对话框，如图 2-69 所示。

③ 采用"使用链接字符串"方式连接数据源。单击"生成"按钮，打开如图 2-70 所示数据链接属性对话框。在属性对话框的"提供程序"选项卡内选择一个合适的 OLE DB 数据源，由于 Sutdent.mdb 是 Access 数据库，所以选择 Microsoft Jet 3.51 OLE DB Provider。然后单击"下一步"或选择"连接"选项卡，弹出如图 2-71 所示的对话框，在对话框内指定数据库文件名，即 Student.mdb。为保证连接有效，可单击右下方的"测试连接"按钮，如果测试成功，则关闭 ConnectionString 属性页。

④ 单击属性窗口中的 RecordSource 属性右边的"…"按钮，弹出记录源属性框，如图 2-72 所示。在"命令类型"下拉列表中选择"2-adCmdTable"选项，在"表或存储过程名称"下拉列表中选择 student.mdb 数据库中的"stuin"表，关闭记录源属性页。此时，完成了 ADO 数据控件的连接工作。

(4) 按 F5 功能键，运行程序。

表 2-51　各相关控件的属性设置

控件名称	属性名	属性值	说　　明
Text1	DataSource	Data1	绑定数据源
	DataField	姓名	绑定数据记录
Text2	DataSource	Data1	绑定数据源
	DataField	姓别	绑定数据记录
Text3	DataSource	Data1	绑定数据源
	DataField	学号	绑定数据记录
Text4	DataSource	Data1	绑定数据源
	DataField	出生日期	绑定数据记录
Text5	DataSource	Data1	绑定数据源
	DataField	家庭住址	绑定数据记录
Text6	DataSource	Data1	绑定数据源
	DataField	专业	绑定数据记录
Text7	DataSource	Data1	绑定数据源
	DataField	备注	绑定数据记录
Picture1	DataSource	Data1	绑定数据源
	DataField	照片	绑定数据记录
Label1	Caption	姓名	
Label2	Caption	性别	
Label3	Caption	学号	
Label4	Caption	出生日期	
Label5	Caption	家庭住址	
Label6	Caption	专业	
Label7	Caption	备注	
Adodc1	Caption	Adodc1	

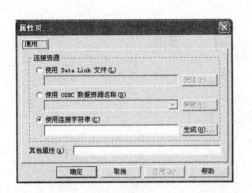

图 2-69   ConnectionString 的属性页

图 2-70   数据链接属性对话框

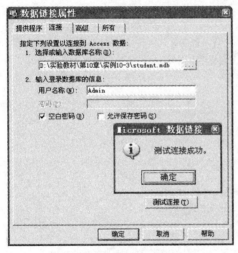

图 2-71   连接数据库选项

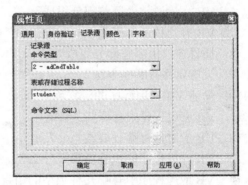

图 2-72   属性页对话框

第3章 习 题

习 题 1

一、简答题

1. 简述 VB 的特点。
2. 安装 VB 系统程序应具备什么条件?
3. 启动 VB 有几种方法?
4. 退出 VB 有几种方法?
5. 什么是对象? 什么是类? 简述它们之间的关系。
6. VB 环境通常由哪些部分组成?
7. VB 有几种工作模式?
8. 属性窗口由哪些部分组成?
9. 设置属性有哪些方法?
10. 简述 VB 应用程序的建立步骤。
11. VB 应用程序中有哪些文件?
12. VB 的对象有哪三要素?
13. VB 应用程序的执行步骤是什么?
14. VB 应用程序中有哪几种类型的错误?

二、填空题

1. VB 是一种面向_____的可视化程序设计语言,采取了_____的编程机制。
2. 在 VB 集成开发环境中,运行应用程序的方法有两种:_____或_____。
3. VB 的对象主要分为_____和_____两大类。
4. 在 VB 中,用来描述一个对象外部特征的量称之为对象的_____。
5. 在 VB 中,设置或修改一个对象的属性的方法有两种,它们分别是_____和_____。
6. 在 VB 中,最基本的对象是_____。
7. 在 VB 中,默认窗体名为_____,默认工程名为_____。
8. 若用户单击了窗体 Form1,则启动的事件名为_____。
9. 调用方法的具体调用格式为_____。
10. 在代码中设置对象属性的格式为_____。

三、单项选择题

1. 窗体的标题栏显示内容由窗体对象的_____属性决定。
   A. BackColor　　　　B. BackStyle　　　　C. Text　　　　D. Caption

2. 窗体的示意图标可用_____属性来设置。
   A. Picture　　　　B. Image　　　　C. Icon　　　　D. MouseIcon

3. 窗体的控制菜单的有无由窗体对象的_____属性决定。
   A. ControlBox　　　　B. MinButton　　　　C. MaxButton　　　　D. BorderStyle

4. 若要取消窗体的最大化功能，则可设置_____属性为 False 来实现。
   A. ControlBox　　　　B. MinButton　　　　C. MaxButton　　　　D. Enabled

5. 以下 4 个选项，_____不属于 VB 的工作模式。
   A. 编译　　　　B. 设计　　　　C. 运行　　　　D. 中断

6. 窗体的边框样式由窗体对象的_____属性来设置。
   A. BackStyle　　　　B. BorderStyle　　　　C. WindowState　　　　D. FillStyle

7. 若要以程序代码方式设置在窗体中显示文本的字体大小，则可用窗体对象的____ 属性来实现。
   A. FontName　　　　B. Font　　　　C. FontSize　　　　D. FontBold

8. 命令按钮的标题文字由_____属性来设置。
   A. Text　　　　B. Caption　　　　C. Name　　　　D. (名称)

9. VB 是面向对象的程序设计，以下 4 个选项，_____不属于面向对象的三要素。
   A. 变量　　　　B. 属性　　　　C. 事件　　　　D. 方法

10. 若要将某命令按钮设置为默认命令按钮，可设置_____属性为 True 来实现。
    A. Value　　　　B. Cancel　　　　C. Default　　　　D. Enabled

11. 若要使命令按钮不可见，可设置_____属性为 False 来实现。
    A. Value　　　　B. Enabled　　　　C. Visible　　　　D. Cancel

12. 运行程序时，系统自动执行窗体的_____事件。
    A. load　　　　B. click　　　　C. unload　　　　D. GotFocus

13. 若要设置文本框最大可接收的字符数，可通过_____属性来实现。
    A. MultiLine　　　　B. Length　　　　C. Max　　　　D. MaxLength

14. 若要使某命令按钮获得控制焦点，可使用_____方法来设置。
    A. Refresh　　　　B. SetFocus　　　　C. GotFocus　　　　D. Value

15. 若要使命令钮可响应事件，可通过设置_____属性的取值来实现。
    A. Visible　　　　B. Enabled　　　　C. Default　　　　D. Valu

16. 在运行时，若要调用某命令按钮的 Click 事件过程，可设置该命令按钮对象的____ 属性为 True 来实现。
    A. Enabled　　　　B. Value　　　　C. Default　　　　D. Cancel

17. 标签框的边框，由_____属性的设置值决定。
    A. BorderStyle　　　　B. BackStyle　　　　C. BackColor　　　　D. AutoSize

18. 标签框文本的对齐方式由_____属性来决定。

A. Align   B. Alignment   C. Autosize   D. BackStyle

19．标签框所显示的内容，由_____属性值决定。

     A. Text   B. (名称)   C. Caption   D. Alignment

20．在运行时，若要获得用户在文本框中所选择的文本，可通过访问_____属性来实现。

     A. SelStart   B. SelLength   C. Text   D. SelText

21．若要设置或返回文本框中的文本，可通过文本框对象的_____属性来实现。

     A. Caption   B. Text   C. (名称)   D. Name

22．若要使标签框的大小自动与所显示的文本相适应，可通过设置_____属性的值为 True 来实现。

     A. AutoSize   B. Alignment   C. Appearance   D. Visible

四、简单程序设计题

1．建立一个简单的应用程序，其窗体界面如图 3-1 所示，单击窗体，则在窗体上显示"欢迎使用 Visual Basic！"，反复练习建立一个 VB 应用程序的步骤。

2．建立一个简单的应用程序，其窗体界面如图 3-2 所示，单击放大按钮，则文字"你好！"放大；单击缩小按钮，则文字"你好！"缩小；单击结束按钮，则结束程序的运行。

3．建立一个简单的应用程序，其窗体界面如图 3-3 所示，单击输入按钮，则将光标定位在第一个文本框；单击大写转小写按钮，则将文本框 1 中的大写字母转化为小写字母显示在文本框 2 中；单击小写转大写按钮，则将文本框 1 中的小写字母转化为大写字母显示在文本框 2 中。

图 3-1   图 3-2   图 3-3

习　题　2

一、选择题

1．以下不合法的常量是_____。

     A. 100.0   B. 100   C. 10^2   D. 10E+01

2．以下合法的变量名是_____。

     A. E8   B. 6*delta   C. True   D. a%d

3．VB 中合法的数值常量是_____。

     A. 16E3   B. 3.1e   C. ±32.76   D. 2^(1.258)

4．假设 Datetime1 是一个 date 类型的变量，以下赋值语句错误的是_____。

A. Datetime1= #11/16/06# B. Datetime1= #July 16,2006#

C. Datetime1= #11:20:00 am# D. Datetimc1= "11/16/06"

5. 在 VB 中，以下不可以作为字符串常量的是_____。

A. "2/01/02" B. mn C. "mn" D. " "

6. 表达式以 int(8*sqr(36)*10^(−2)*10+0.5)/10 + val(".123e2cd")的值是_____。

A. .123e2 B. .123 C. 0.5 D. 12.8

7. 变体变量(Varient)是一种特殊的数据类型，除了自定义类型和_____外，可以包含任何种类的数据类型。

A. 实型和货币型 B. 字节型和整型

C. 固定长度字符串 D. 可变长度字符串

8. 关于变体变量(Varient)，下列说法正确的是_____。

A. 变体变量占用 16 字节的固定存储单元

B. 变体变量定义后，系统将变体变量初始化为数值 0 或空字符串

C. 设 x 为变体变量，且 x="101"，则 x=x+201 是正确的

D. 变量未定义而直接使用，该变量即为变体变量，所以变体变量是无类型的

9. 下列符号常量的声明中，不合法的是_____。

A. const a As single=1.3 B. const a As integer="13"

C. const a="OK" D. const a As long=int(4.5678)

10. 系统符号常量可以通过_____获得。

A. 代码窗口 B. 对象浏览器 C. 属性窗口 D. 工具箱

11. VB 认为下面_____组变量是同一个变量。

A. aver 和 average B. sum 和 summary C. AB1 和 ab1 D. A1 和 A_1

12. 假设变量 int1 是一个整型变量，则执行赋值语句 int1="12"+34 & 11 后，变量 int1 的值是_____。

A. 46 B. 123411 C. 57 D. 4611

13. 若定义了数值型变量、字符型变量和逻辑变量，但未赋值，则数值型、字符型和逻辑型变量的默认值分别是_____。

A. 0、空串、0 B. 0、0、True C. 0、空串、False D. 没有任何值

14. 设有以下定义语句：

dim sum,aver as single,d1,d2 as double,ss as string*5

则变量 sum、aver、d1、d2 和 ss 的类型分别是_____。

A. 单精度型、单精度型、双精度型、双精度型、字符串型

B. 可变类型、单精度型、双精度型、双精度型、字符串型

C. 单精度型、单精度型、可变类型、双精度型、字符串型

D. 可变类型、单精度型、可变类型、双精度型、字符串型

15. 如果要强制显示声明变量，可在窗体模块或标准模块的声名段中加入 Option Explicit 语句，若让系统自动插入 Option Explicit 语句，则应采用的操作步骤是_____。

A. 在"工具"菜单中选择"选项"命令，打开"选项"对话框，单击"编辑器"选项卡，选中"要求变量声名"选项

   B. 在"编辑"菜单中执行"插入文件"命令

   C. 在"工程"菜单中执行"添加文件"命令

   D. 在"工程"菜单中执行"引用"命令

16. 表达式(13\2+2)*int(21/5) mod (3^3−4 Mod 16\2^2)的值是_____。

   A. 3   B. 2   C. 6   D. 5

17. 下面表达式的运算结果和其他 3 个表达式的值不相同的是_____。

   A. exp(−4.5)   B. int(−4.5)+0.5   C. −abs(−4.5)   D. sgn(−4.5) −3.5

18. 设 a=2，b=3，c=4，d=5，下列三个表达式的值分别是_____。

(1) a>b and c<=d or 2*a>c

(2) 3<2*b or a=c and b<>c or c>d

(3) not a<=c or 4*c=b^2 and b<>a+c

   A. False   False   False   B. True   False   False

   C. False   False   True   D. False   True   False

19. VB 中，产生[10，50]之间的随机整数的表达式是_____。

   A. int(rnd(1)*40)+10   B. int(rnd(1)*40)+11

   C. int(rnd(1)*41)+11   D. int(rnd(1)*41)+10

20. 表达式 Int(rnd(0)+1)+Int(rnd(1) −1)的值是_____。

   A. 1   B. −1   C. 0   D. 2

21. 将任意一个正的两位数 N 的个位数与十位数对换的表达式是_____。

   A. (N−int(N/10)*10)*10+int(N/10)或(N mod 10)*10+(N\10)

   B. N−int(N) / 10*10+int(N) / 10 或(N\10)*10+int(N/10)

   C. int(N/10)+(N−int(N/10) 或(N mod 10)*10+(N/10)

   D. (N\10)*10+(N mod 10) 或(N\10)*10+int(N/10)

22. 表达式：left("你近来可好？ ",1) + right("How do you like",4)+ Mid("英语？高数？计算机？ ",4,3)的值是_____。

   A. 你 like 高数？   B. 你 like 计算机   C. 你高数？   D. like 高数？

23. 函数 instr(Lcase(mid("VISUAL Basic 程序设计",4,8)),"s")的值是_____。

   A. Ual BASIC   B. 6   C. 7   D. ual basic

24. 表达式 Str(len("−56.69"))+Str(val("66.6e2cd"))的值是_____。

   A. 7 666   B. 66 660   C. 6 666   D. 6 660

25. 统计年龄 age 不超过 35 岁且职称 zc 是"教授"或"副教授"的人数，表示该条件的逻辑表达式是_____。

   A. age<=35 and zc="教授" and zc="副教授"

   B. age<=35 and zc="教授" or zc="副教授"

   C. age<=35 and (zc="教授" or zc="副教授")

   D. age<=35 and zc="教授"   zc="副教授"

26. 代数式 x1−|a|+ln10+sin(x2+2π)/cos(57×3.14/180)，对应的 VB 表达式是_____。

   A. x1−abs(a)+log(10)+sin(x2+2*3.14)/cos(57*3.14/180)

   B. x1−abs(a)+ln(10)+sin(x2+2*π)/cos(57*3.14/180)

    C. x1−lal+ln10+sin(x2+2π)/cos(57)

    D. x1−abs(a)+ln(10)+sin(x2+2*3.14)/cos(57*3.14/180)

27. 不能正确表示条件"两个整型变量 A 和 B 之一为 0，但不能同时为 0"的布尔表达式是_____。

    A. A*B=0 and A<>B   B. (A=0 or B=0)and A<>B

    C. (A=0 or b=0) or (A<>0 0r B<>0)   D. A*B=0 and(A=0 or B=0)

二、填空题

1. 用类型说明符来标识数据类型时，表示单精度使用的符号_____；双精度使用的符号_____；整型使用的符号_____；长整型使用的符号_____字符串使用的符号_____；货币型使用的符号_____。

2. 随机生成一个 1~9 的随机整数的表达式是_____。

3. 一个变量未被显示定义，末尾也没跟类型说明符，则变量的默认类型是_____。

4. 单精度浮点数和双精度浮点数指数分别用_____和_____来表示。

5. 设 a$ = "Visual Basic Programing": b$ = "Turbo"

c$ = b$ & Space(1) & UCase(Mid$(a$, 12, 1)) & Right(a$, 11)

则变量 c$ 的值是_____。

6. 表达式(−10)^ −2 的值是_____。

7. 表达式 abs(−7 mod−2)的值是_____。

8. 假设 a="A"，写出下列逻辑表达式的值

(1) a>="0" and a<="9" or a>="A" and a<="Z"的值：_____。

(2) a=<"0" and a>="9"or a>="A" and a<="Z" 的值：_____。

(3) a>="0" and a<="9" and a>="A" and a<="Z" 的值：_____。

(4) a>="0" or a<="9" and a>="A" or a<="Z" 的值：_____。

9. 设 a=30，b=60，c=10，d=50，则表达式 a+b>160 or (b*c>200 and not d>60)的值：_____。

10. 将下列数学式子写成 VB 表达式：

(1) $a \leqslant x \leqslant b$ _____。

(2) $\cos^2(c+d) \cdot (\sin(x)+1)$ _____。

(3) $\left|-5\right| + 2(a+b)^{\frac{2}{3}}$ _____。

(4) $3e^2 + 8\sqrt{x} \cdot \ln 2$ _____。

(5) $\dfrac{a}{b + \dfrac{c+12}{d-15}}$ ————————。

三、程序设计

1. 编写程序求圆面积，圆面积公式为：$s=\pi r^2$，窗体界面如图 3-4 所示。在文本框 text1

中输入半径的值，单击"计算圆面积"命令按钮后，在文本框 text2 中以只读方式显示出计算结果。

2．编程实现：从文本框 text1 中输入以秒为单位所表示的时间如图 3-5 所示，然后将其换算成几天几小时几分钟几秒，单击窗体，在标签 Label2 中显示出总秒数和换算后的结果。

　　　　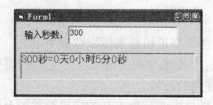

图 3-4　窗体设计界面　　　　　　　　图 3-5　程序运行效果

习 题 3

一、单项选择题

1．下面程序段运行后，显示的结果是_____。

```
dim x
If x Then Print x Else Print x+1
```

　　A．1　　　　　　　　B．0　　　　　　　　C．01　　　　　　D．显示出错信息

2．若要退出 For 循环，可使用的语句为_____。

　　A．Exit　　　　　　B．Exit Do　　　　　C．Exit Sub　　　　D．Exit For

3．语句 If x=1 Then y=1，下列说法正确的是_____。

　　A．x=1 和 y=1 均为赋值语句　　　　　B．x=1 和 y=1 均为关系表达式

　　C．x=1 为关系表达式，y=1 为赋值语句　　D．x=1 为赋值语句，y=1 为关系表达式

4．结构化程序由 3 种控制结构组成，以下不属于 3 种控制结构的是_____。

　　A．顺序结构 1　　　B．循环结构　　　　C．分支结构　　　　D．递归结构

5．以下程序段求两个数中的大数，不正确的是_____。

　　A．max=iif(x>y,x,y)　　　　　　　　　　B．if x>y then max=x else max=y

　　C．max=x　　　　　　　　　　　　　　　D．If y>x then max=x

　　　　If y>x then max=y　　　　　　　　　　　max=y

6．下列循环语句能正常结束的是_____。

A．I=5	B．I=1	C．I=10	D．I=6
Do	Do	Do	Do
I=I+1	I=I+2	I=I−1	I=I−2
Loop until I<0	Loop until I=10	Loop until I<0	Loop until I=1

二、填空题

1. VB 的赋值语句既可给_____赋值，也可给对象的_____赋值。

2. VB 的注释语句采用_____；VB 的续行符采用_____；若要在一行书写多条语句，则各语句间应加分隔符，VB 的语句分隔符为_____。

3. 在 VB 中，用于产生输入对话框的函数是_____，其返回值类型为_____，若要利用该函数接收数值的数据则可利用_____函数对其返回值进行转换而得到。

4. 在 VB 中，若要产生一消息框，则可用语句_____来实现。

5. 选择结构的功能是_____。

6. 在 Select Case 语句中，关键字 Case 后面的取值格式有 3 种：一组用逗号间隔的表达式、表达式 1 To 表达式 2、_____。

7. 循环变量在循环体内可以引用，但_____，否则将导致循环无法正常执行。

8. 在 VB 中，控制结构有_____、_____、_____。

9. 下面程序的运行结果为_____。

```
Private Sub Form_Click()
    Dim j%, a%
    For j = 1 To 10
        a = a + j \ 7
    Next j
    Print a
End Sub
```

10. 下面程序的运行结果为_____。

```
Private Sub Form_Click()
    Dim i%, a%, j%
    For i = 1 To 2
        a = 0
        For j = 1 To i + 1
            a = a + 1
        Next j
        Print a;
    Next i
End Sub
```

11. 下面程序的运行结果为_____。

```
Private Sub Form_Click()
    Dim a%, b%
    b = 1
    a = 2
    Do While b < 10
        b = 2 * a + b
```

```
    Loop
    Print b
End Sub
```

12．下面程序的运行结果为＿＿＿＿＿。

```
Private Sub Form_Click()
  Dim i%, j%
  For i=3 to 1 step −1
    Print spc(5−i);
    For j=1 to 2*i−1
      Print "*";
    Next  j
    Print
  Next  i
End Sub
```

13．在窗体上画一个命令按钮，名称为 Command1。然后编写如下程序，程序运行后，如果单击命令按钮，则运行结果为＿＿＿＿＿。

```
Private Sub Command1_Click()
  For a=1 To 4
  For b=0 To a
    Print Chr$(65+a);
    Next b
    Print
  Next a
End Sub
```

14．在下面的空格处填上相应的内容，使其能完成找出能被 5 和 7 整除的 5 个最小的正整数。

```
Private Sub Form_Click()
  Dim k%,n%
    k=0
    n=1
    Do
      n=n+1
    If ＿＿＿＿＿①＿＿＿＿＿ then
        Print n
        k=k+1
      End if
    loop＿＿＿＿②＿＿＿＿
End Sub
```

15．在下面空格处填上相应的内容，使其能完成输入任意长度的字符串，将字符串倒置。

```
Private Sub Form_Click()
    Dim str$,i%,t$
    str=inputbox$("输入字符串")
    n=_____①_____
    For i=1 to_____②_____
        t=mid(str,i,1)
        mid(str,i,1)=_____③_____
        _____④_____=t
    Next i
    Print str
End Sub
```

三、程序设计题

1. 将一张 1 元钞票换成 1 分、2 分和 5 分硬币,每种至少 8 枚,问有多少种方案?

2. 模拟给出一系列的 1~10 的操作数和算术运算符,输入该题的答案,根据输入的答案判断正确与否,当结束时给出成绩。

3. 将可打印的 ASCII 码制成表格输出,打印每个字符及其编码值。

4. 编写程序,利用文本框检查用户的口令,验证口令的正确,并给出相应的提示信息。

5. 编写程序,任意输入一个整数,打印它的因子,并统计因子的个数。

6. 利用随机函数产生 10 个 10~100 内的随机整数,求其中的最大数、最小数,以及它们的平均数。

7. 显示所有 100 以内 6 的倍数的数,并求这些数的和。

8. 设计程序,当给定 n 值时求出 s=1+(1+2)+(1+2+3)+…+(1+2+3+…+n)的值。

9. 编写程序求 s=1×2×3×…×n,求 s 不大于 32767 时最大的 n。

10. 用 Print 方法输出图形,程序运行输出如图 3-6 所示。

图 3-6　输出图形程序运行界面

习 题 4

一、单项选择题

1. 放置控件到窗体中的最迅速的方法是_____。

    A. 双击工具箱中控件　　　　　　　　B. 单击工具箱中的控件

    C. 拖动鼠标　　　　　　　　　　　　D. 单击工具箱中的控件并拖动鼠标

2．为了使图片框和图像框的大小适应图片的大小，下面设置正确的是_____。

    A．AutoSize=True   Stretch=True   B．AutoSize=True   Stretch=False

    C．AutoSize=False   Stretch=True   D．AutoSize=False   Stretch=False

3．下列_____途径在程序运行时不能将图片添加到窗体、图片框或图像框的 Picture 属性。

    A．使用 LoadPicture 方法   B．对象间图片的复制

    C．通过剪贴板复制图片   D．使用拖放操作

4．Cls 可清除窗体或图片框中_____的内容。

    A．Picture 属性设置的背景图案   B．在设计时放置的控件

    C．程序运行时产生的图形和文字   D．以上 A~C 全部

5．对于 Cls 方法说法正确的是_____。

    A．如在图片框上使用 Cls 方法，则清除图片框中所有的内容，包括加载的图片

    B．如在图片框上使用 Cls 方法，则清除图片框中除加载的图片外的所有内容

    C．如在图片框上使用 Cls 方法，则清除图片框中所有程序运行时产生的文字和图形

    D．如在图片框上使用 Cls 方法，系统会报错

6．如果想在图片框上输出文字，则_____。

    A．只能使用图片编辑软件加入要输出的文字

    B．可以使用 Print 方法在图片框上输出文字

    C．不可以直接在图片框上输出文字

    D．以上说法都不对

7．关于图片框和文本框的说法正确的是_____。

    A．图片框中既可以有文本也可以有图形，而文本框中只能有文字

    B．图片框和文本框都可以加载图片

    C．当在图片框中增加内容时，图片框会自动变大，而文本框不会

    D．可以通过 Cls 方法清除图片框与文本框中的内容

8．下列关于图像框控件的说法不正确的是_____。

    A．不可以做为容器使用   B．不支持图形方法

    C．没有事件   D．只能用于显示图像

9．下列关于 PictureBox 控件与 Image 控件的说法不正确的是_____。

    A．PictureBox 可以作为控件容器，因而比 Image 占用系统资源多

    B．Image 能自动调整大小以适应载入的图片

    C．PictureBox 除具有 Image 的所有特性外，还能作为容器

    D．PictureBox 能使图片自动调整大小以适应自身的大小

10．命令按钮、单选按钮和复选框上都有 Picture 属性，可以在控件上显示图片，但需要通过_____控制。

    A．Appearance 属性   B．Style 属性

    C．DisabledPicture 属性   D．DownPicture 属性

11．当单击了单选按钮控件后，下列说法正确的是_____。

    A．只执行 Click 事件

    B．只执行 GetFocus

C. 既执行事件 Click，也执行事件 GetFocu

D. 具体执行哪个事件要在程序或属性中设定

12. 复选框的 Value 属性为 1 时，表示＿＿＿＿＿＿。

A. 复选框未被选中　　　　　　　　B. 复选框被选中

C. 复选框内有灰色的勾　　　　　　D. 复选框操作有错误

13. 复选框对象是否被选中，可由其＿＿＿＿＿＿属性判断。

A. Checked　　　　B. Value　　　　C. Enabled　　　　D. Selected

14. 在 Option1_Click()事件中加入语句 Check1.value=Option1.value 的结果为＿＿＿＿＿＿。

A. Option1 与 Check1 选中情况保持一致

B. Option1 选中时，Check1 也选中

C. Option1 不选中时，Check1 也不选中

D. 实时错误

15. 框架内的所有控件是＿＿＿＿＿＿。

A. 随框架一起移动、显示、消失和屏蔽

B. 不随框架一起移动、显示、消失和屏蔽

C. 仅随框架一起移动

D. 仅随框架一起显示和消失

16. 下列控件中，没有 Caption 属性的是＿＿＿＿＿＿。

A. 框架　　　　B. 列表框　　　　C. 复选框　　　　D. 单选按钮

17. 将数据项 "China" 添加到列表框(List1)中成为第一项应使用＿＿＿＿＿＿语句。

A. List1.AddItem　'China", 0　　　B. List1.AddItem　'China", 1

C. List1.AddItem　0, 'China"　　　D. List1.AddItem　1, 'China"

18. 引用列表框(List1)最后一个数据项应使用＿＿＿＿＿＿。

A. List1.List(List1.ListCount)　　　B. List1.List(List1.ListCount−1)

C. List1.List(ListCount)　　　　　D. List1.List(ListCount−1)

19. 如果列表框(List1)中没有被选定的项目，则执行 List1.RemoveItem List1.ListIndex 语句的结果是＿＿＿＿＿＿。

A. 移去第一项　　　　　　　　　　B. 移去最后一项

C. 移去最后加入列表的一项　　　　D. 以上都不对

20. 在下列说法中，正确的是＿＿＿＿＿＿。

A. 通过适当的设置，可以在程序运行期间，让时钟控件显示在窗体上

B. 在列表框中不能进行多项选择

C. 在列表框中能够将项目按字母顺序从大到小排列

D. 框架也有 Click 和 DblClick 事件

21. 执行 List1.List(List1.ListCount)= '80'语句后，下列说明正确的是＿＿＿＿＿＿。

A. 会产生出错信息

B. List1 列表框最后一个列表项被改为'8'

C. List1 列表框会增加一个'80'列表项

D. List1 列表框的表项个数为 80 个

22．如果列表框(List1)中只有一个项目被用户选定，则执行

　　Debug.Print List1.Selected(List1.ListIndex)

语句的结果是＿＿＿＿＿＿。

　　A．在 Dubeg 窗口输出被选定的项目的索引值

　　B．在 Debug 窗口输出 True

　　C．在窗体上输出被选定的项目的索引值

　　D．在窗体上输出 True

23．组合框的 Style 属性决定组合框的类型和行为，它的值为 2 时，其显示形式和功能是＿＿＿＿＿＿。

　　A．下拉列表框，并允许用户输入不属于列表框中的选项

　　B．简单组合框，并允许用户输入不属于列表框中的选项

　　C．下拉列表框，不允许用户输入不属于列表框中的选项

　　D．简单组合框，不允许用户输入不属于列表框中的选项

24．以下不允许用户在程序运行时输入文字的控件是＿＿＿＿＿＿。

　　A．文本框　　　　　B．下拉式组合框　　　C．简单组合框　　　D．下拉式列表框

25．时钟控件的时间间隔是＿＿＿＿＿＿。

　　A．以毫秒计　　　　B．以分钟计　　　　　C．以秒计　　　　　D．以小时计

26．设计动画时通常使用时钟控件＿＿＿＿＿＿来控制动画速度。

　　A．Enabled　　　　B．Interval　　　　　C．Timer　　　　　D．Move

27．程序运行时，单击水平滚动条右边的箭头，滚动条的 Value 属性值将＿＿＿＿＿＿。

　　A．增加一个 SmallChange 量　　　　　　B．减少一个 SmallChange 量

　　C．增加一个 LargeChange 量　　　　　　D．减少一个 LargeChange 量

28．一个 UpDown 控件与文本框"捆绑"在一起，其 Min、Max、Value 和 Increment 分别为 0、10、9 和 3，并且选定了"换行"功能，当用鼠标单击向上的箭头时，文本框中的值应是＿＿＿＿＿＿。

　　A．10　　　　　　　B．12　　　　　　　C．0　　　　　　　D．2

29．下列＿＿＿＿＿＿控件没有 Min、Max 和 Value 属性。

　　A．Slider　　　　　B．ProgressBar　　　C．UpDown　　　　D．SSTab

30．在下面关于常用的 ActiveX 控件的说法中，正确的是＿＿＿＿＿＿。

　　A．在 Animation 控件中，当用 Open 方法打开.avi 文件后直接自动播放

　　B．Slider 控件有 Scroll 和 Change 事件

　　C．UpDown 不能与 Slider "捆绑"

　　D．选项卡只可以出现在控件的顶端

二、填空题

1．VB 的控件分为＿＿＿＿＿、＿＿＿＿＿＿和可插入对象。

2．写出下列控件的缺省英文名称及缩写：图片框＿＿＿＿＿、＿＿＿＿，单选按钮＿＿＿＿＿、＿＿＿＿＿，垂直滚动条＿＿＿＿＿、＿＿＿＿＿＿，组合框＿＿＿＿＿＿、＿＿＿＿＿，形状控件＿＿＿＿＿＿、＿＿＿＿＿。

3．为了在运行时把 C:\Windows 目录下的图形文件 Picfile.jpg 装入图片框 Picture1，所使

用的语句为_____。

4．图片框内可使 PictureBox 根据图片调整大小的属性为_____；图像框为_____，若使 Image 控件可根据图片调整大小，该属性值应为_____。

5．使用 Move 方法把图片框 Picture1 的左上角移动到距窗体顶部 100twip，距窗体左边框 200twip，同时图片框高度和宽度都缩小 50%，具体形式为_____。

6．执行_____语句，可以清除 Picture1 图片框内的图片。

7．复选框的_____属性设置为 2–Grayed 时，将变成灰色，禁止用户选择。

8．_____属性设置为 1，单选按钮和复选框的标题显示在左边。

9．_____属性设置为 1，单选按钮和复选框以图形方式显示。

10．在程序运行时，如果将框架的_____属性设为 False，则框架的标题是灰色，表示框架内的所有对象均被屏蔽，不允许用户对其进行操作。

11．常用的容器控件有：_____、_____、_____等。

12．当用户单击滚动条的空白处时，滑块移动的增量值由_____属性决定。

13．列表框中项目的序号是从_____开始的，_____表示列表框中最后一项的序号，_____方法可清除列表框的所有内容。

14．列表框中的_____和_____属性是数组。

15．滚动条响应的重要事件有_____和 Change，滚动条产生 Change 事件是因为其值改变了。

16．如果要每隔 15s 产生一个计时器事件，则 Interval 属性应设置为_____，_____函数将返回系统的时间。

17．在 3 种不同风格的组合框中，用户不能输入数据的组合框是_____，通过_____属性设置为_____。

18．访问键是通过键盘来访问控件，访问键是设置是在控件的_____属性中用_____字符加在访问字符的前面，运行时按_____键+访问字符。

19．组合框是_____和_____控件的组合。

20．窗体和其他控件的 Name 属性只能在_____设置，不能在_____期间设置。

21．下面程序段是将列表框 List1 中重复的项目删除，只保留一项。

```
For i=0 to List1.ListCount−1
    For j=List1.ListCount−1 to _____ step−1
        If List1.List(i)=List1.List(j) then
            _____
        End if
    Next j
Next i
```

22．下列程序允许用户按 Enter 键将一个组合框(CboComputer)中没有的项目添加到组合框中。

```
Sub cboComputer_KeyPress(KeyAscii as Integer)
    Dim flag as Boolean
    If KeyAscii=13 then
```

```
            Flag=False
            For i=0 to cboComputer.ListCount−1
                If _____then    Flag=Ture ： Exit for
            Next i
            If _____then
                _____
            Else
                Msgbox('组合框中已有该项目!')
            End if
        End if
    End if
End Sub
```

三、简单程序设计题

1. 设计一用户登录界面(如图 3-7),要求用户名必须是字母开头,长度不大于 10 个字符,口令可以是任意字符,区分大小写。长度不少于 4 个字符。点击"确定"按钮后检测用户名和口令是否正确。若正确,则显示信息框"口令正确,允许登录!";若不正确,则显示信息框"口令不正确,请重新输入!";输入错误口令次数超过 3 次,显示"你不是合法用户,不能登录!"对话框,然后退出系统。

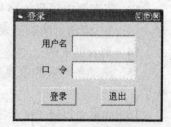

图 3-7　登录界面

2. 创建一个点菜单的程序(如图 3-8 所示),从窗体左边列表框的菜单中选中所需的菜名,点击"添加"按钮,添加到右边的列表框中,也可以将右边不满意的菜项再选中,通过点击"删除"按钮,从右边的列表框中清除。双击所需菜名可以直接添加或删除。

3. 编制小时钟程序,利用时钟 Timer 控件来控制指针的转动(如图 3-9 所示)。

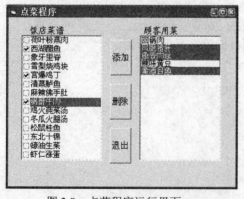

图 3-8　点菜程序运行界面

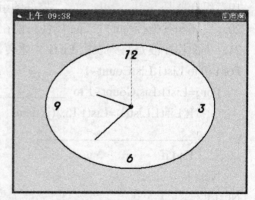

图 3-9　时钟程序运行界面

4. 利用时钟控件和形状控件设计一个"红绿灯"变换程序,各色灯亮的延迟时间可以事先设定(如图 3-10 所示)。

5. 编写程序模拟在满月的夜空下,月全食天文现象的变化过程(如图 3-11 所示)。

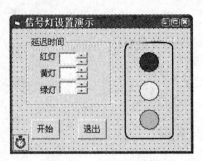

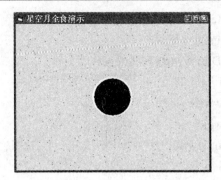

　　图 3-10　信号灯设置演示　　　　　　　　图 3-11　星空月全食演示

习　题　5

一、单项选择题

1. Dim　aa(10 to 20) 所定义的数组元素个数是＿＿＿。
　　A. 11　　　　　　　B. 20　　　　　　　C. 30　　　　　　　D. 10

2. Dim　ww(-1 to 2, -2 to 1) 所定义的数组元素个数是＿＿＿。
　　A. 9　　　　　　　B. 16　　　　　　　C. 4　　　　　　　D. 12

3. Dim　ww(3,3) 所定义的数组元素个数是＿＿＿。
　　A. 9　　　　　　　B. 4　　　　　　　C. 16　　　　　　　D. 12

4. 下列程序的输出结果是＿＿＿＿。

```
Private Sub Command1_Click()
    Dim ww As Variant
    ww = Array(1, 2, 3, 4)
    Print ww(1)
End Sub
```
　　A. 1　　　　　　　B. 2　　　　　　　C. 3　　　　　　　D. 4

5. 下列程序的输出结果是＿＿＿＿。

```
Private Sub Command1_Click()
    Dim tt
    tt = Array("合肥", "上海", "北京", "天津")
    For i = LBound(tt) To UBound(tt)
        tt(i) = tt(i) + "市"
    Next i
    Print tt(3)
End Sub
```
　　A. 合肥市　　　　　B. 上海市　　　　　C. 北京市　　　　　D. 天津市

6. 下列程序的输出结果是＿＿＿＿。

```
Dim ww( )
```

```
Private Sub Command1_Click()
    Const tt = 6
    ReDim ww(tt) As Integer
    For i = 1 To tt
        ww(i) = i * i
    Next i
    Print ww(i)
End Sub
```

    A. 36　　　　　　　　B. 49　　　　　　　　C. 出错信息　　　　D. 12

7. 在窗体上画一个名称为 Text1 的文本框和一个名称为 Command1 的命令按钮，然后编写如下事件过程：

```
Private Sub Command1_Click()
    Dim ww(10, 10) As Integer
    Dim i As Integer, j As Integer
    For i = 1 To 3
        For j = 2 To 4
            ww(i, j) = i + j
        Next j
    Next i
    Text1.Text = ww(2, 3) + ww(3, 4)
End Sub
```

程序运行后，单击命令按钮，在文本框中显示的值是_____。

    A. 12　　　　　　　　B. 13　　　　　　　　C. 14　　　　　　　　D. 15

8. 下列程序的输出结果是_____。

```
Private Sub Command1_Click()
    Dim i As Integer, j As Integer
    Dim a(10, 10) As Integer
    For i = 1 To 3
        For j = 1 To 3
            a(i, j) = (i - 1) * 3 + j
            Print a(i, j);
        Next j
        Print
    Next i
End Sub
```

    A. 1 2 3　　　　　B. 2 3 4　　　　　C. 1 4 7　　　　　D. 1 2 3

        2 4 6　　　　　 3 4 5　　　　　 2 5 8　　　　　 4 5 6

        3 6 9　　　　　 4 5 6　　　　　 3 6 9　　　　　 7 8 9

9. 下列程序的输出结果是_____。

```
Option Base 1
Private Sub Command1_Click()
    Dim ww%(5), i%
    For i = 1 To 5
        ww(i) = i * i
    Next i
    Print ww(ww(2) * ww(3) − ww(4) * 2) + ww(1)
End Sub
```

　A. 17　　　　　　　　B. 16　　　　　　C. 15　　　　　　　D. 14

10．下列程序的输出结果是_____。

```
Option Base 1
Private Sub Form_Click()
    Dim a(10) As Integer, b(5) As Integer, i%
    For i = 1 To 10
        a(i) = 10 − i + 1
    Next i
    For i = 1 To 5
        b(i) = a(2 * i − 1) + a(2 * i)
    Next i
    For i = 1 To 5
        Print b(i);
    Next i
End Sub
```

　A. 1　3　5　7　9　　　　　　　　B. 2　4　6　8　10
　C. 19　15　11　7　3　　　　　　　D. 3　7　11　15　19

二、填空题

1．以下程序的功能是：用 Array 函数建立一个含有 8 个元素的数组，然后查找并输出该数组中保元素的最小值。请将程序补充完整。

```
Option Base 1
Private Sub Command1_Click()
    Dim arr1
    Dim Min%, i%
    arr1 = Array(12, 435, 76, −24, 78, 54, 866, 43)
    Min =_____①
    For i = 2 To 8
        If arr1(i) < Min Then_____②
    Next i
    Print "最小值是:"; Min
```

```
End Sub
```

2. 以下程序的功能是：分别计算给定的 10 个数中正数之和与负数之和。请将程序补充完整。

```
Option Base 1
Private Sub Command1_Click()
    Dim ww
    ww = Array(12, -6, 15, 34, -32, 47, 13, 9, 6, -3)
    s1 = 0
    s2 = 0
    For k = 1 To 10
        If (ww(k) > 0) Then
            s1 =_____①_____
        Else
            s2 =_____②_____
        End If
    Next k
    Print "正数之和为  "; s1
    Print "负数之和为  "; s2
End Sub
```

3. 以下程序的功能是：程序运行后，单击窗体，在输入对话框中分别输入三个整数，程序将输出 3 个数中的中间数，如图 3-12 所示。请将程序补充完整。

```
Option Base 1
Private Sub Form_Click()
    Dim a(3) As Integer
    Print "输入的数据是："; 
    For i = 1 To 3
        a(i) = InputBox("输入数据")
        Print a(i);
    Next
    Print
    If a(1) < a(2) Then
        t = a(1)
        a(1) = a(2)
        a(2) =_____①_____
    End If
    If a(2) > a(3) Then
        m = a(2)
    ElseIf a(1) > a(3) Then
        m =_____②_____
```

图 3-12

```
        Else
            m = _____③_____
        End If
        Print "中间数是:"; m
End Sub
```

4. 以下程序的功能是：求一个 3×3 阶矩阵的三行中元素之和最大的那一行。请将程序补充完整。

```
Option Base 1
Private Sub Command1_Click()
    Dim ww%(3, 3), tt%(3)
    For i = 1 To 3
     For j = 1 To 3
       ww(i, j) = InputBox("请输入数据")
     Next j
    Next i
    For k = 1 To 3
     For j = 1 To 3
       tt(k) = _____①_____
     Next j
    Next k
    msum = _____②_____
    lmax = _____③_____
    For i = 2 To 3
       If tt(i) > msum Then
          msum = tt(i)
          lmax = i
       End If
    Next i
    Print "最大的一行是： "; lmax
    Print "该行的和是： "; msum
End Sub
```

三、程序设计题

1. 用数组结构编写程序，输入 10 个整数，统计奇数之和以及偶数之和。

2. 利用随机函数生成并输出 8 个 1~10 之间的随机整数，然后对这一组数从小到大进行排序，最后输出结果。

3. 使用数组结构编写一个程序，输入 10 个学生的成绩，统计最高分、最低分和平均分，如图 3-13 所示。

其中：单击 Command4 按钮，用 Inputbox 函数输入 10 个成绩数据，并在 Picture1 图形框中显示所输入的成绩；

　　单击 Command1 按钮，在 Text1 文本框中显示最高分；

　　单击 Command2 按钮，在 Text2 文本框中显示最低分；

　　单击 Command3 按钮，在 Text3 文本框中显示平均分。

4．编程输出图 3-14 所示的杨辉三角形。

5．编程建立并输出一个 5×5 的矩阵，该矩阵两条对角线元素为 1，其余元素均为 0。

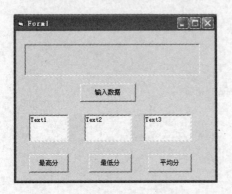

```
1
1   1
1   2   1
1   3   3   1
1   4   6   4   1
1   5   1   1   5   1
1   6   1   2   1   6   1
```

图 3-13　统计学生成绩窗体界面　　　　　　图 3-14　杨辉三角形

习　题　6

一、单项选择题

1．在过程定义中用下列_____表示形参的传值。

　　A. Var　　　　　　　　B. ByDef　　　　　　　C. Byval　　　　　　　D. Value

2．若已编写了一个 Sort 子过程，在该工程中有多个窗体，为了方便地调用 Sort 子过程，应将该过程放在_____中。

　　A. 窗体模块　　　　　B. 标准模块　　　　　C. 类模块　　　　　　D. 工程

3．要想从子过程调用后返回两个结果，下面子过程说明语句合法的是_____。

　　A. Sub f2(ByVal n%, ByVal m%)　　　　　B. Sub f1(n%, ByVal m%)

　　C. Sub f1(n%, m%)　　　　　　　　　　　D. Sub f1(ByVal n%, m%)

4．下面子过程语句说明合法的是_____。

　　A. sub f1(byval n() as integer)　　　　　　B. sub f1(n() as integer) as integer

　　C. function f1(f1 as integer) as integer　　D. function f1(byval n as integer)

5．已知函数定义 Function　f(x1%,x2%) as integer，则下列调用语句正确的是_____。

　　A. a=f(x,y)　　　　　B. call f(x,y)　　　　　C. f(x,y)　　　　　D. f x y

6．不能脱离对象而独立存在的过程是_____。

　　A. 事件过程　　　　　B. 通用过程　　　　　C. 子过程　　　　　D. 函数过程

7．SUB 过程与 Function 过程最根本的区别是_____。

　　A. SUB 过程可以用 Call 语句直接调用，而 Function 过程不能

B. Function 过程可以有形参，而 SUB 过程不可以

C. SUB 过程不能返回值，而 Function 过程可以返回值

D. 两种过程的传递方式不同

8．设有如下过程：sub ff(x,y,x)

$$x=y+z$$

End sub

以下所有参数的虚实结合都是传地址的调用语句是_____。

A. call ff(5,6,a)　　　　　　　　B. call ff(x,y,z)

C. call ff(3+x,5+y,z)　　　　　　D. call ff(x+y,x−y,z)

9．下列关于函数过程的叙述中，正确的是_____。

A. 如果不指明函数参数的类型，则此参数没有数据类型

B. 函数过程的形参和实参的个数不需要对应

C. 当数组作为函数的参数时，既可以按传值方式，也可按传地址方式

D. 函数过程中形参的类型与函数返回值的类型没有关系

10．以下关于过程的叙述中，错误的_____。

A. 事件过程是由某个事件触发的过程

B. 通过函数过程的名可以返回多个值

C. 可以在事件过程中调用函数过程

D. 不能在事件过程中定义函数过程

二、填空题

1．在过程内用_____声明的变量为静态变量，在执行一个过程结束时，过程中所用到的静态变量的值会保留，下次再调用此过程时，变量的初值是上次调用结束时被保留的值。

2．在模块文件中的声明部分用 Global 或_____关键字声明的变量为全局变量。

3．在模块文件中的声明部分用_____或_____定义的变量为局部变量。

4．参数传递有_____和_____两种方式。

5．设从键盘上输入 20，下面程序的运行结果为_____。

```
Private Sub Form_Click()
    Dim title%, fee!
    title = Val(InputBox("请输入一个数"))
    fee = countl(title)
    Print fee
End Sub
Public Function countl(x%) As Single
    Dim pay!
    If x < 40 Then
        pay = x / 2
    Else
        pay = 2 * x
```

```
        End If
        countl = pay
End Function
```

6．下面程序的运行结果为＿＿＿＿＿＿。

```
Private Sub command1_click()
Dim x%,y%
      x=12: y=34
      Call F1(x,y): print x,y
End Sub
   Public Sub F1(n%, ByVal m%)
      n=n mod 10
      m=m\10
   End Sub
```

7．下面程序的运行结果为＿＿＿＿＿＿。

```
Dim   a%, b%, c%
Public Sub p1(x%, y%)
   Dim c%
   x=2*x: y=y+2: c=x+y
End Sub
Public Sub p2(x%,ByVal y%)
   Dim c%
   x=2*x: y=y+2: c=x+y
End Sub
Private Sub Command1_click()
      a=2: b=4: c=6
      Call p1(a,b)
      Print "a="; a; "b="; b; "c=";c
      Call p2(a,b)
      Print "a="; a; "b="; b; "c=";c
End Sub
```

8．在窗体上画一个名称为 Command1 的命令按钮，然后编写如下程序， 请写出程序运行时，3 次单击命令按钮 Command1 后，窗体上显示的结果＿＿＿＿＿＿。

```
   Private Sub Command1_Click()
      Static x As Integer
      Static y As Integer
      Cls
      y=1
      y=y+5
      x=5+x
```

```
        Print x,y
    End Sub
```

9. 下面程序的运行结果为_____。

```
Private Sub Command1_Click()
    Dim x%, y%
    x = 18
    y = 28
    Call swap(x, y)
    Print x, y
End Sub
Private Sub swap(ByVal a%, ByVal b%)
    Dim t%
    t = a
    a = b
    b = t
End Sub
```

10. 下面程序的运行结果为_____。

```
Private Sub Command1_Click()
    Dim x%, y%
    x = 18
    y = 28
    Call swap(x, y)
    Print x, y
End Sub
Private Sub swap(a%, b%)
    Dim t%
    t = a
    a = b
    b = t
End Sub
```

三、程序设计题

1. 分别编一个计算级数和的子过程和函数过程，并分别调用。

级数为：$1 + x + \dfrac{x^2}{2!} + \cdots + \dfrac{x^n}{n!} + \cdots$，精度为：$\left| \dfrac{x^2}{n!} \right| < \text{eps}$

2. 编制子过程，通过调用子过程：

(1) 产生 30 个 1~100 之间的随机数。

(2) 统计并输出其中奇数和偶数的个数。

3. 编制函数，判断一个数是否同时被 17 与 37 整除。输出并统计 1 000~2 000 之间所有能同时被 17 与 37 整除的数。

4．任意输入一串字母，分别统计 26 个字母的个数。

5．利用二分法，求解方程在[−5，5]区间的根，设方程 $f(x)=3x^3-4x^2-5x+13$。

6．移动数组元素。将数组中某个位置的元素移动到指定位置。

7．向数组中的指定位置插入新元素，即将新添加的元素放到数组的指定位置。

8．一个数如果恰好等于它的所有真因子之和，这个数就称为"完数"(或"完备数")。例，6 的真因子为 1，2，3，而 6=1+2+3，因此 6 是完数。求 1~1 000 之间的所有完数及其和。

习　题　7

一、选择题

1．下列叙述中正确的是_____。

   A．在窗体的 Form Load 事件过程中定义的变量是全局变量

   B．局部变量的作用域可以超出所定义的过程

   C．在某个 Sub 过程中定义的局部变量可以与其他事件过程中定义的局部变量同名，但其作用域只限于该过程

   D．在调用过程时，所有局部变量被系统初始化为 0 或空字符串

2．以下叙述中错误的是_____。

   A．在同一窗体的菜单项中，不允许出现标题相同的菜单项

   B．在菜单的标题栏中，"＆"所引导的字母指明了访问该菜单项的访问键

   C．程序运行过程中，可以重新设置菜单的 Visible 属性

   D．弹出式菜单也在菜单编辑器中定义

3．设在菜单编辑器中定义了一个菜单项名为 menul，为了在运行时隐藏该菜单项，应使用的语句是_____。

   A．menui.Enabled=True   B．menul.Enabled=False

   C．menul.Visible= True   D．menul.Visible=False

4．在用通用对话框控件建立"打开"或"保存"文件对话框时，如果需要指定文件列表框所列出的文件类型是文本文件(即．txt 文件)，则正确的描述格式是_____。

   A．"text(.txt)| *.txt"   B．"文本文件(.txt)| .txt"

   C．"text(.txt) ‖ *.txt"   D．"text(.txt) *.txt "

5．以下叙述中错误的是_____。

   A．一个工程中只能有一个 SubMain 过程

   B．窗体的 Show 方法的作用是将指定的窗体装入内存并显示该窗体

   C．窗体的 Hide 方法和 UnLoad 方法的作用完全相同

   D．若工程文件中有多个窗体，可以根据需要指定一个窗体为启动窗体

6．以下叙述中错误的是_____。

   A．一个工程中可以包含多个窗体文件

   B．在一个窗体文件中用 Private 定义的通用过程能被其他窗体调用

C. 设计 VB 程序时，窗体、标准模块、类模块需要分别保存为不同类型的磁盘文件

D. 全局变量必须在标准模块中定义

7. 以下关于菜单的叙述中，错误的是_____。

A. 在程序运行过程中可以增加或减少菜单项

B. 如果把一个菜单项的 Enabled 属性设置为 False，则可删除该菜单项

C. 弹出式菜单在菜单编辑器中设计

D. 利用控件数组可以实现菜单项的增加或减少

8. 如果使菜单项前面出现 "√"，应该设置菜单项的_____属性。

A. Enabled　　　　　　　B. Visible　　　　　　　C. Checked　　　　　　D. Caption

9. 设菜单中有一个菜单项为 "Open"。若要为该菜单命令设置访问键，即按下 Alt 及字母 O 时，能够执行 "Open" 命令，则在菜单编辑器中设置 "Open" 命令的方式是_____。

A. 把 Caption 属性设置为&Open

B. 把 Caption 属性设置为 O&pen

C. 把 Name 属性设置为&Open

D. 把 Name 属性设置为 O&pen

10. 假定一个工程由一个窗体文件 Forml 和两个标准模块文件 Modell 及 Model2 组成。

Modell 代码如下：

```
Public x As Integer
Public y As Integer
Sub Sl ( )
    x=l
    S2
End Sub
Sub S2( )
    y=10
    Forml.Show
End Sub
```

Model2 的代码如下：

```
Sub Main( )
    S1
End Sub
```

其中 Sub Main 被设置为启动过程。程序运行后，各模块的执行顺序是_____。

A. Forml→,Modell→Model2　　　　　　　B. Modell→Model2→Forml

C. Model2→Modell→Forml　　　　　　　　D. Model2→Forml→Modell

二、填空题

1. 在菜单编辑器中建立了一个菜单，名为 pmenu，用下面的语句可以把它作为弹出式菜单弹出，请填空。

Form l._____pmenu

2．保存 VB 程序时，应分别保存＿＿＿＿＿及工程文件。

3．用＿＿＿＿＿方法只能隐藏一个窗体，不能从内存中清除该窗体。

4．VB 应用程序中标准模块文件的扩展名是＿＿＿＿＿。

5．如果把一个菜单项的＿＿＿＿＿属性设置为 False，则该菜单项不可见。

6．VB 的菜单可分为＿＿＿①＿＿＿菜单和＿＿②＿＿菜单两种。

7．除了＿＿＿＿＿外，所有菜单项都能接收 Click 事件。

8．程序运行时，设置下面工具栏的＿＿＿＿＿属性，可以使得当用户把鼠标移动到工具栏按钮上时自动出现文本提示。

9．在 VB 中，整理 MDI 窗体中的子窗体一般有以下几种形式：层叠、＿＿＿＿＿、垂直平铺及排列图标。

三、程序设计题

1．设计一个简单文本编辑器。该编辑器具有改变文字字体、改变文字颜色和改变背景颜色等功能。如图 3-15 所示。

2．创建如图 3-16 所示菜单系统，其中文件菜单具有：打开、保存和退出功能；格式菜单可以改变文本框中字体的样式及颜色。

3．在上题的基础上添加一个弹出式菜单用于编辑文本，具有剪切、复制和粘贴功能。

图 3-15　简单文本编辑器程序运行界面

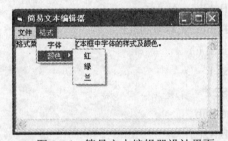
图 3-16　简易文本编辑器设计界面

习　题　8

一、单项选择题

1．当某文本框具有焦点时，单击键盘一个键会触发其 KeyPress 事件，下列说法正确的是＿＿＿＿＿。

    A．该事件发生在文本框的 KeyDown 事件之前

    B．该事件发生在文本框的 KeyDown 事件之后

    C．根本不会触发 KeyDown 事件

    D．随后便触发文本框的 Click 事件

2．当文本框获得焦点时按下退格键，则不一定会触发的事件是＿＿＿＿＿。

    A．KeyPress   B．KeyDown   C．KeyUp   D．Change

3．当用户按下并且释放一个键后会触发 KeyPress、KeyUp 和 KeyDown 事件，这 3 个事

件发生的顺序是＿＿＿＿。
　　　A. KeyPress　KeyDown　KeyUp　　　　B. KeyDown　KeyUp　KeyPress
　　　C. KeyDown　KeyPress　KeyUp　　　　D. 没有规律
　　4. 窗体的 KeyPreview 属性为 True，并且有下列程序，当焦点在窗体上的文本框时，按下 "a" 键，文本框接收到的字符是＿＿＿＿。

Sub Form_KeyDown(KeyCode as integer, Shift as integer)
　　KeyCode=KeyCode+1
End Sub

　　　A. "a"　　　　　　　　B. "b"　　　　　　　C. 空格　　　　　　D. 没有接收到字符
　　5. 在下列关于键盘事件的说法中，正确的是＿＿＿＿。
　　　A. 按下键盘上的任意一个键，都会引发 KeyPress 事件
　　　B. 大键盘上的 "1" 键和数字键盘上的 "1" 键的 KeyCode 码相同
　　　C. KeyDown 和 KeyUp 的事件过程中有 KeyAscii 参数
　　　D. 大键盘上的 "4" 键的上档字符是 "$"，同时按下 "Shift" 键和大键盘上的 "4" 键时，KeyPress 事件过程中的 KeyAscii 参数值是 "$" 的 ASCII 值
　　6. 在 KeyDown 或 KeyUp 的事件过程中，能用来检查 Ctrl 和 F3 是否同时按下的表达式为＿＿＿＿。
　　　A. (Button=vbCtrlMask) And (KeyCode=vbKeyF3)
　　　B. KeyCode=vbKeycontrol+vbKeyF3
　　　C. (KeyCode=vbKeyF3) And (Shift And vbCtrlMask)
　　　D. (Shift And vbCtrlMask) And (KeyCode And vbKeyF3)
　　7. 确保文本框中输入的全部是数字的最佳方法是＿＿＿＿。
　　　A. 在 KeyDown 或 KeyUp 事件过程中摒弃非数字输入
　　　B. 在 Validate 事件过程中利用 IsNumeric
　　　C. 在 Change 事件过程中利用 IsNumeric
　　　D. 在 KeyPress 事件过程中摒弃非数字输入
　　8. 当用户＿＿＿＿时，会引发焦点所在的控件的 KeyPress 事件。
　　　A. 按下键盘上的一个 ASCII 键　　　　B. 释放键盘上的一个 ASCII 键
　　　C. 单击鼠标左键　　　　　　　　　　D. 单击鼠标右键
　　9. 在文本框中，当用户键入一个字符时，能同时引发的事件是＿＿＿＿。
　　　A. KeyPress 和 Click　　　　　　　　B. KeyPress 和 LostFocus
　　　C. KeyPress 和 Change　　　　　　　D. Change 和 LostFocus
　　10. 下列关于 Scaleleft 属性说法不正确的是＿＿＿＿。
　　　A. 它是可做为容器的对象所特有的属性
　　　B. 该属性值为容器左上角的横坐标，缺省值为 0
　　　C. 该属性值最小为 0
　　　D. 该属性值可以在程序运行过程中修改
　　11. 下列不是容器的坐标属性的是＿＿＿＿。
　　　A. ScaleWidth　　　　B. CurrentX　　　　C. Top　　　　D. ScaleTop

12. 关于 CurrentX、CurrentY 属性的说法不正确的是_____。

  A. 表示当前点在容器内的横坐标、纵坐标

  B. 设置的值是下一个输出方法的当前位置

  C. 只能通过命令语句而不能通过属性框设置

  D. 可以通过命令语句也可以通过属性框设置

13. 改变容器坐标系的方法是_____。

  A. Scale   B. SetScale   C. SetPoint   D. ModfyScale

14. 如果在事件过程中有语句：'Scale'，则执行的结果是_____。

  A. 显示当前窗体的坐标系属性

  B. 对当前窗体的坐标属性恢复为缺省值

  C. 不会产生任何结果

  D. 程序会报出错信息

15. 如果执行 'Scale (−100, −200) − (500, 500)'，则_____。

  A. 当前窗体的宽度变为 600   B. 当前窗体的宽度变为 500

  C. 当前窗体的宽度变为 400   D. 程序出错

16. 设置坐标标准刻度的属性是_____。

  A. ScaleMode   B. Mode   C. Scale   D. SetMode

17. 如果用 Scale 方法改变了容器的坐标系，那么容器的 ScaleMode 属性值是_____。

  A. 0   B. 1   C. 任意值   D. 不能确定

18. 改变了容器的坐标系后，该容器的_____属性值不会改变。

  A. Name   B. ScaleLeft   C. ScaleTop   D. ScaleWidth

19. VB 中画点的方法是_____。

  A. Point   B. DrawPoint   C. Pset   D. PrintPoint

20. 在执行了如下语句 Line (500, 500) − (1000, 500) : Line (750, 300) − (750, 700)后，所绘出的图形是_____。

  A. 一条折线   B. 两条分离的线段

  C. 一个人字形图形   D. 一个十字形图形

21. 方法 Point (X, Y)的功能是_____。

  A. (X, Y)点的 RGB 颜色值   B. 返回该点在 Scale 坐标系中的坐标值

  C. 在(X, Y)处画一个点   D. 将点移动到(X, Y)处

22. 执行 Form1.Scale (10, − 20) − (−30, 20)语句后，Form1 窗体坐标系 x 和 y 轴的正方向是_____。

  A. 向左和向下   B. 向右和向上   C. 向左和向上   D. 向右和向下

23. 下列关于 VB 坐标系的说法不正确的是_____。

  A. 移动控件或调整控件的大小时，使用控件容器的坐标系统

  B. 系统默认的单位是缇(twips)，可通过更改容器的 ScaleMode 来改变单位

  C. 缺省的坐标系统都是由容器的左上角(0，0)坐标开始的，起始坐标不能更改，但刻度可以更改

  D. VB 坐标系统是一个二维网格，其纵轴的正方向向下

24. 下列语句序列能绘制一个等腰直角三角形的是_____。

A. Line (10,10) −step(20,20): Line(20,20) − step(−10,0): Line step(0,0) − step(10,10)

B. Line (10,10) −step(20,20): Line − step(−10,0): Line − step(10,10)

C. Line (10,10) − (20,20): Line(20,20) − step(−10,0): Line step(0,0) − (10,10)

D. Line (10,10) −step(0,10): Line − step(10,0): Line step − step(10,10)

25. 下列语句中能正确绘制纵横比为 2 的椭圆的是_____。

A. Circle (50,50), 30 ,2

B. Circle (50,50) 30, , ,2

C. Circle (50,50),30,QBColor(12)，PI/3，PI/2,2

D. Circle (50,50),30, , , , 2

26. 当对 DrawWidth 进行设置后，将影响_____。

A. Line、Circle 和 Pset 方法

B. Line、Shape 控件

C. Line、Circle 和 Point 方法

D. Line、Circle、Pset 方法和 Line、Shape 控件

二、填空题

1. 当用户单击鼠标右键时，MouseDown、MouseUp 和 MouseMove 事件过程中的 Button 参数值为_____。

2. 当用户同时按下 Ctrl 和 Shift 键并单击鼠标时，MouseDown、MouseUp 和 MouseMove 事件过程中的 Shift 参数值为_____。

3. 如要在程序运行期间改变鼠标形状，须先将 MousePointer 属性设置为 vbCustom，然后在程序中用 LoadPicture 函数将需要的图标文件(.ico)或指针文件(.cur)装入_____属性中。

4. 只要将 MousePointer 属性设置为_____，鼠标指针就恢复原样。

5. 控件的_____属性设置为 1 时，启用自动拖放模式。

6. 当源对象被拖动到目标对象上方时，在目标对象上将引发_____事件，释放时又会引发_____事件。

7. 控件的_____属性决定控件被拖动时显示的图标。

8. 在拖放事件过程中可以采用_____函数判断源对象的控件类型，供程序识别。

9. 使用 Scale 方法建立窗体 Form1 的用户坐标，其中窗体左上角坐标为(−200，250)，右下角坐标为(300，−100)，具体形式为_____。

10. 当 Scale 方法不带参数时，则采用_____坐标系。

11. 窗体的默认坐标原点在：_____，x、y 轴的方向分别是：_____。

12. VB 的坐标系统是可以自定义的，使用对象的_____属性和_____方法，就可设置对象的坐标系统。

13. 改变容器的对象的 ScaleMode 属性值，窗口的大小_____改变，它在屏幕上的位置_____改变。

14. 容器的实际可用高度和宽度由_____和_____属性确定。

15. 如果要在图片框控件 Pic 的中央画一个半径为 1000 twips 的红色圆形，则画圆语句

应为_____。

16．使用 Line 方法画矩形，必须在指令中使用关键字_____。

17．使用 Circle 方法画扇形、起始角、终止角取值范围为_____。

18．Circle 方法正向采用_____时针方向

19．DrawStyle 属性用于设置所画线的形状，此属性受到_____属性的限制。

20．VB 提供的图形方法有：_____清除所有图形和 Print 输出；_____画圆、椭圆或圆弧；_____画线、矩形或矩形块；_____返回指定点的颜色值；_____设置各个像素的颜色；_____在任意位置画出图形。

三、简单程序设计题

1．在窗体中有 3 个文本框 Text1、Text2、Text3，两个按钮分别用于计算和退出，Text1 和 Text2 用于从键盘接收两个数，比较两个数的大小，Text3 显示大的数(如图 3-17 所示)。

(1) 编写 Text1 和 Text2 的 KeyPress 事件代码，当键盘输入的键不是数字键时，文本框接收不到键值。单击"比较"按钮下，鼠标指针的形状为沙漏形状，3s 后恢复系统默认。

(2) Text3 为禁止输入，当鼠标移动到 Text3 控件上时，鼠标指针显示为禁止形状。

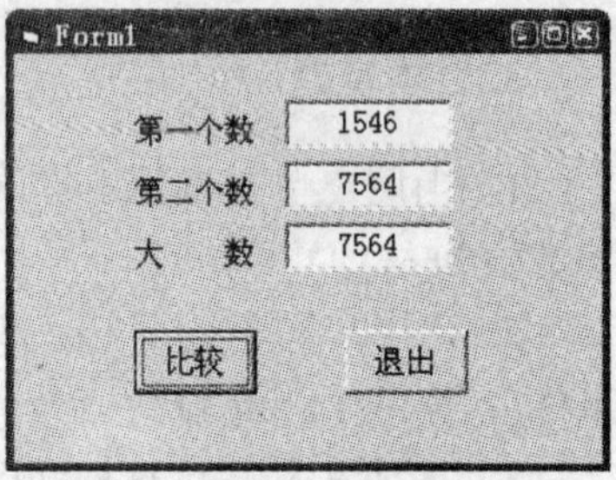

2．在窗体中显示图片框，在图片框中有一个按钮，按>键将按钮放大，按<键将按钮缩小，按 Esc 键可以结束程序。

3．在窗体上建立两个命令按钮，当鼠标单击命令按钮 1 时，可在窗体上不同位置生成 500 个颜色随机指定半径的小圆。当鼠标单击命令按钮 2 时，用 Circle 方法画一组(500 个)半径不同彩色随机的同心圆，形成一个多彩地毯。

4．如图 3-18 所示，用图形控件制作奥运五环，并在奥运五环下用 Print 方法显示"2008　北京"。

图 3-17　数字比较程序运行界面

5．如图 3-19 所示，设计一程序，演示曲柄滑块机构，利用时钟控件来控制图形控件的运动，用滑块控件来控制图形控件运行的速度。

图 3-18　奥运五环

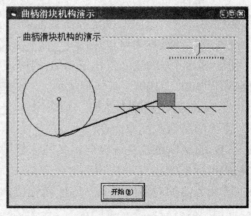

图 3-19　曲柄滑块机构

习 题 9

一、选择题

1. 目录列表框的 Path 属性的作用是_____。

　　A. 显示当前驱动器或指定驱动器上的路径

　　B. 显示当前驱动器或指定驱动器上的某目录下的文件名

　　C. 显示根目录下的文件名

　　D. 只显示当前路径下的文件

2. 在窗体上画一个名称为 Drive1 的驱动器列表框，一个名称为 Dir1 的目录列表框。当改变当前驱动器时，目录列表框应该与之同步改变。设置两个控件同步的命令放在一个事件过程中，这个事件过程是_____。

　　A. Drive1_Change　　B. Drive1_Click　　C. Dir1_Click　　　D. Dir1_Change

3. 要获得当前驱动器应使用驱动器列表框的属性是_____。

　　A. Path　　　　　　　B. Dir　　　　　　　C. Pattern　　　　　D. Drive

4. 在窗体上画一个名称为 File1 的文件列表框，并编写如下程序：

```
Private Sub File1_DblClick()
  x=Shell(File1.FileName，1)
End Sub
```

以下关于该程序的叙述中，错误的是_____。

　　A. x 没有实际作用，因此可以将该语句写为：Call Shell(File1,FileName,1)

　　B. 双击文件列表框中的文件，将触发该事件过程

　　C. 要执行的文件的名字通过 File1.FileName 指定

　　D. File1 中显示的是当前驱动器、当前目录下的文件

5. 下面关于顺序文件的描述正确的是_____。

　　A. 每条记录的长度必须相同

　　B. 可通过编程对文件中的某条记录方便地修改

　　C. 数据只能以 ASCII 码形式存放在文件中，所以可通过编辑软件显示

　　D. 文件的组织结构复杂

6. 下面关于随机文件的描述不正确的是_____。

　　A. 每条记录的长度必须相同

　　B. 一个文件的记录号不必唯一

　　C. 数据只能以 ASCII 码形式存放在文件中，所以可通过编辑软件显示

　　D. 其组织结构比顺序文件复杂

7. 以下关于文件的叙述中，错误的是_____。

　　A. 顺序文件中的记录一个接一个地顺序存放

　　B. 随机文件中记录的长度是随机的

　　C. 执行打开文件的命令后，自动生成一个文件指针

　　　D. LOF 函数返回给文件分配的字节数

8．要从磁盘上读入一个文件名为"c:\filel.txt"的顺序文件，下面程序段正确的是＿＿。

　　　A. F="c:\filel.txt"

　　　　　Open F For Input As # 1

　　　B. F="c:\filel.txt"

　　　　　Open "F" For Input As # 2

　　　C. Open "c:\filel.txt" For Output As # 2

　　　D. Open c:\filel.txt For Input As # 1

9．为了把一个记录型变量的内容写入文件中指定的位置，所使用的语句的格式为

＿＿＿＿。

　　　A. Get 文件号，记录号，变量名　　　　B. Get 文件号，变量名，记录号

　　　C. Put 文件号，变量名，记录号　　　　D. Put 文件号，记录号，变量名

10．假定在窗体(名称为 Form1)的代码窗口中定义如下记录类型：

Private Type animal

　　animalName As String*20

　　acolor As String*10

End Type

在窗体上画一个名称为 Command1 的命令按钮，然后编写如下事件过程：

Private Sub Command1_Click()

　　Dim rec As animal

　　Open "c:\vbTest.dat" For Random As #1 Len=Len(rec)

　　rec.animalName="cat"

　　rec.acolor="White"

　　Put #1,,rec

　　Close #1

End Sub

则以下叙述中正确的是＿＿＿＿＿。

　　　A. 如果文件 c:\vbTest.dat 不存在，则 Open 命令执行失败

　　　B. 记录类型 animal 不能在 Form1 中定义，必须在标准模块中定义

　　　C. 由于 Put 命令中没有指明记录号，因此每次都把记录写到文件的末尾

　　　D. 语句"Put #1,,rec"将 animal 类型的两个数据元素写到文件中

二、填空题

1．打开文件所使用的语句为＿①＿，其中可设置的输入输出方式包括＿②＿，＿③＿，
＿④＿，＿⑤＿，＿⑥＿，如果省略，则为＿⑦＿方式。

2．顺序文件通过＿①＿和＿②＿语句将缓冲区中的数据写入磁盘。

3．随机文件的读写操作语句为＿①＿和＿②＿。

4．文件列表框中的＿＿＿＿＿属性决定显示文件的类型。

5．打开文件前，可通过＿＿＿＿＿函数获得可利用的文件号。

6. 以下程序的功能是: 把当前目录下的顺序文件 smtext1.txt 的内容读入内存, 并在文本框 Text1 中显示出来。请填空。

```
Private Sub Command1_Click()
    Dim inData As String
    Text1.Text=""
    Open ".\smtext1.txt"____①____ As #1
    Do While ____②____
        Input #1,inData
        Text1.Text=Text1.Text & inData
    Loop
    Close #1
End Sub
```

7. 下面程序将数据 1, 2, 3, …, 10 十个数字写入顺序文件 f1 中(f1 在 D 盘上), 同时将这十个数读出来, 并在窗体上显示。

```
Dim i As Integer
Dim a(1 To 10) As Integer
Open ____①____As #1
For i = 1 To 10
    ____②____
Next i
____③____
Open "d:\f1" For Input As #2
For i = 1 To 10
    ____④____
    a(i) = x
    ____⑤____
Next i
Close #2
```

三、程序设计题

1. 利用文件控件建立一个类似文件管理器的功能, 实现驱动器列表框、目录列表框和文件列表框的联动。文件列表框中只显示 "*.exe" 文件, 双击某个文件, 可运行该文件。程序设计界面如图 3-20 所示。

2. 编程统计文本文件 data.txt(已存在)中字符 "a" 出现的次数, 并将统计结果写入文本文件 d:\result.txt 中。

3. 有一个学生成绩的随机文件 score.dat, 它的结构为:

Num　　　String*4
Name　　 String*8
Chinese　Integer

Math　　　　Integer

English　　Integer

请编写程序，查找其中有两门以上课程不及格的学生记录，并将它们写入另一个文件
failed.dat 中。

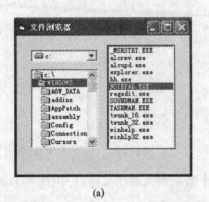
(a)

(b)

图 3-20　文件管理器

习　题　10

一、单项选择题

1．在记录集中进行查找，如果找不到相匹配的记录，则记录定位在：

　　A. 末记录之后　　　　B. 首记录之前　　　　C. 查找开始处　　　　D. 随机位置

2．以下说法错误的是：

　　A. 一个表可以构成一个数据库

　　B. 多个表可以构成一个数据库

　　C. 一个表的每一条记录中的各数据项具有相同的类型

　　D. 同一个字段的数据具有相同的类型

3．对数据库进行增、改操作后必须使用什么方法确认操作：

　　A. UpdateControls　　B. Refresh　　　　　　C. Update　　　　　　D. UpdateRecord

4．数据控件的 Reposition 事件发生在：

　　A. 修改与删除记录前　　　　　　　　　B. 记录成为当前记录后

　　C. 记录成为当前记录前　　　　　　　　D. 移动记录指针前

5．以下关于索引的说法，错误的是：

　　A. 一个表可以建立一个或多个索引　　B. 利用索引可以加快查找速度

　　C. 索引字段可以是多个字段的组合　　　D. 每个表至少要建立一个索引

二、填空题

1．按数据的组织方式不同，数据库可以分为 3 种类型，即_____数据库、_____数
据库和_____数据库。

2. 表的结构包括_____、_____和_____。

3. 数据控件通过它的 3 个基本属性：_____、_____和_____设置来访问数据资源。

4. SQL 语句：

Selext * From 学生基本信息 Where 性别="男"

其功能是_____。

5. 数据库表间的关系类型有_____、_____和_____。

6. 要设置记录集的指针，则需通过_____属性。

7. 在使用 Delete 方法删除当前记录后，记录指针位于_____。

8. 记录集的_____属性用于指示 Recordest 对象中记录的总数。

三、编程题

1. 创建和访问数据库。

(1) 使用可视化数据库管理器建立一个 Access 数据库 Student.mdb，包括 student、score 和 lesson 表。表结构分别如表 3-1、表 3-2 和表 3-3 所示。

表 3-1   student 表

字段名	类型及长度	索引名
学号	文本 8 位	ID
姓名	文本 8 位	NAME
性别	布尔	
出生日期	日期	
专业	文本 12 位	
家庭住址	文本 20 位	
联系电话	文本 13 位	
照片	二进制	
备注	备注	

表 3-2   score 表

字段名	类型及长度	索引名
学号	文本 8 位	ID
课程号	文本 8 位	lessid
成绩	单精度	
学期	整型	

表 3-3   lesson

字段名	类型及长度	索引名
课程号	文本 8 位	lessid
课程名	文本 20 位	
教师	文本 8 位	
学分	整型	

(2) 设计一个多文档窗体，在各子窗体内通过文本框、标签图像框等绑定控件分别显示 student、score 和 class 表内的记录。对数据控件属性进行设置，使之可以对记录集直接进行增加、修改操作。主窗体设置如图 3-21 所示。

(3) 单击"学生信息"菜单时，运行界面如图 3-22 所示。在此操作中可进行增加、修改操作。单击"成绩"和"课程"菜单时的操作如图 3-23 和图 3-24 所示。

图 3-21　程序运行界面

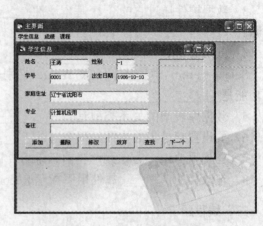

图 3-22　增、删、改运行界面

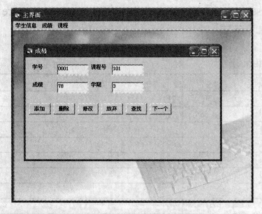

图 3-23　成绩界面

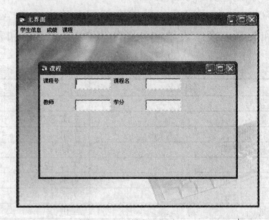

图 3-24　课程界面

2．用 SQL 语句实现如下功能操作：

(1) 用 SQL 指令按专业统计 student 表中专业的人数，要求按图 3-25 所示形式输出。

(2) 从 student 数据表和 score 表中选择数据，获取平均值最好的前 5 名学生的名单。名单要求包括学号、姓名、性别和平均成绩等数据。运行界面如图 3-26 所示。

图 3-25　统计结果

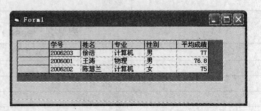

图 3-26　多表组合统计结果

3．设计一个窗体，通过使用 ADO 数据控件和相应的绑定控件浏览 student 表内的记录。

第 4 章　习题解答

习　题　1

一、简答题

1. VB 是 Microsoft 公司于 1991 年推出的基于 Windows 环境的可视化编程语言，其主要特点如下：

(1) 方便、直观的可视化的程序设计工具。

(2) 面向对象的程序设计方法。

(3) 事件驱动的编程机制。

(4) 结构化程序设计语言。

(5) 强大的数据库访问能力。

(6) 提供强大的网络功能，并具备完备的联机帮助功能。

(7) 强大的数据库管理和存取操作的能力。

2. 任何一个软件都要占用计算机系统一定的资源，因此对计算机系统都有一定的要求，VB 系统程序对计算机系统的要求如下：

硬件要求：586 以上 CPU，16MB 以上内存，100MB 以上硬盘等。

操作系统要求：Windows 95/98/2000/XP 或 Windows NT。

3. 通常有以下 3 种启动方式：

(1) 通过"开始"按钮：单击桌面上的"开始"/"程序"菜单，然后打开"Microsoft Visual Studio 6.0 中文版"子菜单中的"Microsoft Visual Basic 6.0 中文版"程序，即可启动 VB 6.0。

(2) 利用快捷方式：若桌面上有 VB 6.0 的快捷图标，双击快捷图标也可启动 VB 6.0。

(3) 利用运行命令：当 VB 系统软件安装在 C 盘默认路径下时，可以在"开始"菜单的运行对话框中输入如下命令来启动 VB 6.0。

C:\Program Files\Microsoft Visual Studio\VB 98\VB6.exe。

4. 通常有 4 种方式：

(1) 菜单方式：单击菜单"文件"/"退出"，即可退出 VB 环境。

(2) 快捷方式：利用快捷键 Alt+F4，即可退出 VB 环境。

(3) 利用标题栏：鼠标右击标题栏，选择"关闭"，即可退出 VB 环境。

(4) 利用关闭按钮：鼠标单击窗口右上方"关闭"按钮，即可退出 VB 环境。

5. 对象(Object)是包含现实世界物体特征的抽象实体，反映了系统为之保存信息和与之交互的能力。每个对象有各自的内部属性和操作方法，整个程序是由一系列相互作用的对象构成的，对象之间的交互通过发送消息来实现。

类(Class)是指具有相同的属性和操作方法、并遵守相同规则的对象的集合。从外部看，类的行为可以用新定义的操作(方法)加以规定。

类是对象集合的抽象，规定了这些对象的公共属性和方法；而对象是类的一个实例。

6．VB 环境通常由：标题栏、菜单栏、工具栏、属性窗口、代码窗口、工程资源管理器窗口、立即窗口、窗体布局窗口和工具箱所组成。

7．VB 有 3 种工作模式：

(1) 设计模式：可进行应用程序界面的设计和代码的编制，此模式用于开发应用程序。

(2) 运行模式：运行应用程序，此时不可编辑代码和界面，此模式用于显示运行结果。

(3) 中断模式：应用程序运行暂时中断，此时可编辑代码，但不可编辑界面，此模式用于调试程序。按 F5 键或单击"继续"按钮继续运行程序，单击"结束"按钮停止运行程序。在此模式下会弹出"立即"窗口，在窗口内可输入简短的命令，并立即执行。

8．属性窗口由以下几个部分组成：

(1) 对象列表框：用于显示窗体中的对象，单击其右边的下拉按钮可显示当前窗体所包含的对象列表。

(2) 属性显示排列方式：用于显示窗体中的所选对象的属性，通过窗口的滚动条可找到任何一个属性，窗口中的属性可以按以下两种方式排列：

① 按字母顺序：此时属性按字母的顺序排列；

② 分类顺序：此时属性按外观、位置、行为、杂项等分类排列。

(3) 属性列表框：该列表框列出在设计模式下选定对象可更改的属性及缺省值，不同的对象其属性也不同。属性列表框由左右两部分组成，左边列出选定对象的各种属性名，右边列出其相应的属性值。用户可先选定某一属性，再在右部对该属性值进行设置或修改。

(4) 属性解释框：当用户在属性列表框中选定某属性后，解释框显示所选属性的含义。

9．设置对象的属性可通过两种方式进行：

(1) 在设计阶段利用属性列表框进行设置；

(2) 在程序中通过程序代码进行设置。在程序中设置属性的语法格式为：

对象名.属性名＝属性值

通常，对于反映对象外观特征的一些不变属性应在设计阶段完成；而一些内在的可变的属性应在编程中实现。

在设计阶段对属性进行设置一般有两步：

① 首先鼠标单击对象，以选定设置的对象；

② 在属性窗口选中需设置的属性，在右侧属性值栏中输入或选择相应的属性值。

10．创建 VB 应用程序分为以下几个过程：

(1) 建立用户界面以及界面中的对象。

(2) 设置各个对象的属性。

(3) 为对象事件编写程序。

(4) 保存工程。

(5) 运行程序。

11．一个 VB 应用程序或一个 VB 工程可以包括 7 种类型的文件，其中最常用的是窗体文件、标准模块文件、类模块文件。

(1) 窗体文件(.frm)：该文件包含窗体及控件的属性设置；窗体级的变量和外部过程的声

明；事件过程和用户自定义过程。VB 中一个应用程序包含一个或多个窗体，每一个窗体都有一个窗体文件。一个窗体文件由两部分组成，一部分是作为用户界面的窗体；另一部分是窗体和窗体中的对象执行的代码。

(2) 标准模块文件(.bas)：标准模块文件完全由代码组成，在标准模块的代码中，可以声明全局变量，可以定义函数过程和子程序过程。标准模块中的全局变量可以被工程中的其他模块调用；而公共的过程可以被窗体模块的任何事件调用。该文件可选。

(3) 类模块文件(.cls)：类模块文件中既包含代码又包含数据，每个类模块定义了一个类，可以在窗体模块中定义类的对象，调用类模块中的过程。它用于创建含有属性和方法的用户自己的对象。该文件可选。

(4) 工程文件(.vbp)：该文件包含与该工程有关的全部文件和对象的清单。

(5) 窗体的二进制数据文件(.frx)：当窗体或控件的数据含有二进制属性(如图片或图标)，将窗体文件保存时，系统自动产生同名的.frx 文件。

(6) 资源文件(.res)：包含不必重新编辑代码就可以改变的位图、字符串和其他数据。该文件可选。

(7) ActiveX 控件的文件(.ocx)：该文件可以添加到工具箱并在窗体中使用。

12．VB 对象的三要素为属性、事件和方法。

(1) 对象的属性：在面向对象的程序设计中，属性是对象的一个特性，是用来描述和反映对象特征的一系列数值。同类型的对象有相同的属性不同的属性值；不同类型的对象有不同的属性。

(2) 事件：在 VB 中，事件是发生在对象身上、能被对象识别的动作，事件正是激发某一过程的导火索。

(3) 方法："方法"是指对象本身所包含的一些特殊函数或过程，利用对象内部自带的函数或过程，可以实现对象的一些特殊功能和动作。

13．VB 应用程序的执行步骤如下：

(1) 启动应用程序，装载和显示窗体。

(2) 窗体或窗体上的对象等待事件的发生。

(3) 事件发生时，执行相应的事件过程。

(4) 重复执行步骤(2)和(3)。

(5) 直到遇到"END"结束语句结束程序的运行。

14．在 VB 环境下，错误有以下几种。

(1) 编辑错误：编辑错误是指用户在代码窗口书写代码时，VB 会对程序直接进行语法检查，如果有错，系统会自动弹出一个出错信息提示框，出错的那行变为红色。

(2) 编译错误：编译错误是指启动了运行程序，在 VB 开始运行之前的编译阶段发现的错误，此种错误一般为变量未定义等。

(3) 运行错误：运行错误是指通过了编译，在运行程序时发生的错误，此类错误一般是由于执行了非法操作而产生。

(4) 逻辑错误：如果没有出现前 3 种错误，但程序仍然没有得到正确的结果，则说明程序存在逻辑错误。

二、填空题

1. 对象、事件驱动
2. 编译运行模式、解释运行模式
3. 窗体、控件
4. 属性
5. 在设计阶段利用属性列表框进行设置、在程序中通过程序代码进行设置
6. 窗体
7. Form1、工程 1
8. Click
9. 对象名.方法名[参数名表]
10. 对象名.属性名＝属性值

三、单项选择题

1. D 2. C 3. A 4. C 5. A 6. B 7. C 8. B
9. A 10. C 11. C 12. A 13. D 14. B 15. B 16. B
17. A 18. B 19. C 20. D 21. B 22. A

四、简单程序设计题

1. (1) 建立用户界面及界面中的对象。启动 VB 环境，选择"标准 EXE"，创建工程、窗体。

(2) 设置各个对象的属性。调整窗体 Form1 的大小，将窗体 Form1 的 Caption 属性设为练习 1。

(3) 为对象事件编写程序。编写窗体对象 Form1 的单击事件驱动程序如代码 4-1 所示。

(4) 保存工程。

保存窗体：单击菜单"文件/保存 form1"，并取名为"习题 1"；

保存工程：单击菜单"文件/保存工程"，并取名为"习题 1"。

(5) 运行程序。按 F5 功能键或菜单"运行/启动"或运行按钮▶，运行程序，即可得到如图 4-1 所示的运行结果。

代码 4-1

```
Private Sub Form_click()
  Print
  Print
  Print
  Print "欢迎使用Visual Basic! "
End Sub
```

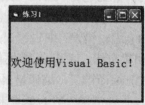

图 4-1　运行效果

2. (1) 建立用户界面以及界面中的对象。

① 启动 VB 环境，选择"标准 EXE"，创建工程、窗体。

② 单击窗口左边工具箱中的"标签按钮"**A**，此时鼠标变成十字形状，拖动鼠标，在窗体上画 1 个标签："Label1"。

③ 单击窗口左边工具箱中的"命令按钮"，此时鼠标变成十字形状，拖动鼠标，在窗体上画命令按钮："Command1"，再重复两次，画出命令按钮 "Command2"，"Command3"。

(2) 设置各个对象的属性：

① 适当调整窗体 Form1 和各个对象的大小和位置。

② 将窗体 Form1 的 Caption 属性设为"练习 2"。

③ 将标签 Label1 的 Caption 属性设为"你好！"，FontSize 属性设为"三号"。

④ 将命令按钮 Command1、Command2、Command3 的 Caption 属性设为"放大"、"缩小"、"结束"。

⑤ 其他属性可取默认值。

(3) 为对象事件编写程序。分别编写 3 个命令按钮对象的单击事件驱动程序如代码 4-2 所示。

(4) 保存工程。

保存窗体：单击菜单"文件/保存 form1"，并取名为"习题 2"；

保存工程：单击菜单"文件/保存工程"，并取名为"习题 2"。

(5) 运行程序。按 F5 功能键或菜单"运行/启动"或运行按钮▶，运行程序，即可得到如图 4-2 所示的运行结果。

代码 4-2

```
Private Sub Command1_Click()
  If Label1.FontSize < 100 Then
    Label1.FontSize = Label1.FontSize + 8
  End If
End Sub
Private Sub Command2_Click()
  If Label1.FontSize > 8 Then
    Label1.FontSize = Label1.FontSize - 8
  End If
End Sub
Private Sub Command3_Click()
  End
End Sub
```

图 4-2　运行效果

3．(1) 建立用户界面以及界面中的对象。

① 启动 VB 环境，选择"标准 EXE"，创建窗体 Form1；

② 单击窗口左边工具箱中的文本框按钮，此时鼠标变成十字形状，拖动鼠标，在窗体上画 3 个文本框："Text1"，"Text2"，"Text3"；

③ 单击窗口左边工具箱中的"命令按钮"，此时鼠标变成十字形状，拖动鼠标，分别在窗体上画 3 个命令按钮：Command1、Command2 和 Command3。

(2) 设置各个对象的属性：

① 适当调整窗体 Form1 和各个对象的大小和位置。

② 将窗体 Form1 的 Caption 属性设为"练习 3"。

③ 将文本框的 Text 属性清空。

④ 将命令按钮 Command1、Command2、Command3 的 Caption 属性设为"输入"、"大写转小写"、"小写转大写"。

⑤ 其他属性可取默认值。

(3) 为对象事件编写程序。分别编写 3 个命令按钮对象的单击事件驱动程序如代码 4-3 所示。

(4) 保存工程。

保存窗体：单击菜单"文件/保存 form1"，并取名为"习题 3"。

保存工程：单击菜单"文件/保存工程"，并取名为"习题 3"。

(5) 运行程序。按 F5 功能键或菜单"运行/启动"或运行按钮▶，运行程序，即可得到如图 4-3 所示的运行结果。

代码 4-3

```
Private Sub Command1_Click()
    Text1.SetFocus
End Sub
Private Sub Command2_Click()
    Text2.Text = LCase(Text1.Text)
End Sub
Private Sub Command3_Click()
    Text3.Text = UCase(Text1.Text)
End Sub
```

图 4-3　运行效果

习 题 2

一、选择题

1．C　　　2．A　　　3．A　　　4．D　　　5．B　　　6．D　　　7．C　　　8．C

9．D　　10．B　　11．C　　12．D　　13．C　　14．D　　15．A　　16．D

17．A　　18．D　　19．D　　20．C　　21．A　　22．A　　23．C　　24．B

25．C　　26．A　　27．C

二、填空题

1．!、# 、%、 &、 $、 @

2．int(9*rnd+1)

3．变体类型

4．E(或 e)、D(或 d)

5．Turbo C Programing

6．.01

7．1

8．(1) True　　　　(2) True　　　　(3) False　　　　(4) True

9．True

10．(1) x>=a and x<=b　　　　　(2) (cos(c+d))^2*(sin(x)+1)

　　(3) abs(−5)+2*(a+b)^(2/3)　　(4) 3*exp(2)+ 8*sqr(x)*log(2)

　　(5) a/(b+(c+12)/(d−15))

三、程序设计

1. **解题分析**：本题求圆面积，半径 r 的值通过文本框输入获得，应考虑允许半径输入包含小数，因此声明半径变量 r 为单精度数；圆周率 π(3.1415926)为一常数，在程序中可以直接将 3.1415926 嵌在求圆面积的表达式中，也可通过 Const 声明语句先将此值赋于一个符号常量，在随后的程序编码中以符号常量替代圆周率；考虑到运算求出的圆面积值的精度应会提高，所以保存圆面积值的变量声明时应为双精度变量，在窗体上显示求出圆面积值的控件为 Text2，该文本框的内容由程序代码赋值，不需要人工输入，为防止误操作，可将此文本框控件的 Locked 属性值设置为 True；所显示圆面积值的格式可用 Format 格式函数设置，保留两位小数。

操作步骤：

(1) 在 VB 环境中创建工程、窗体，在窗体上添加两个标签控件 label1 和 label2、两个文本框控件 text1 和 text2、两个命令按钮控件 cmd1 和 cmd2。

(2) 设置各相关控件的属性，如表 4-1 所示。

表 4-1　各相关控件的属性设置

控件名称	属性名	属性值	说　　明
form1	Font	楷体_GB2312、小四	设定窗体中各对象的字体
Label1	Caption	输入半径 r:	
Label2	Caption	圆面积:	
Text1	Text		清空
Text2	Text		清空
	Locked	True	锁定，禁止修改
Cmd1	Caption	计算圆面积	
Cmd2	Caption	退出	

(3) 编写相关控件的事件代码，如代码 4-4 所示。

(4) 按 F5 功能键，运行程序，在"输入半径 r"文本框中输入圆半径，点击"计算圆面积"按钮，即刻在"圆面积"文本框中显示出所求圆面积值。

(5) 在指定的路径下保存工程文件为"求圆面积.vbp"，保存窗体文件为"求圆面积.frm"。

代码 4-4

```
Option Explicit
Private Sub Cmd1_Click()
    Const pi! = 3.1415926          '声明符号常量
    Dim r As Single, s As Double
    r = Val(Text1.Text)            '赋半径值
    s = pi * r ^ 2                 '求面积
    Text2 = Format(s, "#.##")      '设置显示格式，保留两位小数
End Sub
Private Sub Cmd2_Click()
    End                            '结束程序
End Sub
```

2. **解题分析**：换算算法为：对输入的秒数如整除 60，可得到总的分钟数，如用 Mod 运算符对 60 求余，可求的秒数；对所求出的总的分钟数如整除 60，可得到总的小时数；如用 Mod 对 60 求余，即为所求的分钟数；对总的小时数如整除 24，可得到总的天数；如用 Mod

对 24 求余, 即为所求的小时数。Label2 中显示结果表达式的正确写法如下:

Label2 = Text1.Text & "秒=" & day & "天" & hour & "小时" & minute& "分" & second & "秒"。本题在窗体的 Click 事件编程。

操作步骤:

(1) 在 VB 环境中创建工程、窗体, 在窗体上添加一个文本框控件, 两个标签控件。

(2) 设置相关控件的属性, 如表 4-2 所示。

表 4-2 各相关控件的属性设置

控件名称	属性名	属性值	说　　明
Label1	Caption	输入秒数	
Label2	Caption	空	清空
	Borderstyle	1	设置边框线
	Forecolor	vbRed	设置字体颜色为红色
Text1	Text		清空

(3) 编写窗体的 Click 事件代码, 如代码 4-5 所示。

(4) 按 F5 功能键, 在文本框中输入时间秒数, 单击窗体, 转换的结果即刻在标签中显示。

(5) 在指定的路径下保存工程文件为 "时间转换.vbp", 保存窗体文件为 "时间转换.frm"。

代码 4-5

```
Option Explicit
Private Sub Form_Click()
  Dim sec As Long, minu As Long, hour As Long, day As Long
  sec = Val(Text1.Text) '总的秒数
  minu = sec \ 60    '得出总的分钟数
  sec = sec Mod 60   '得出秒数
  hour = minu \ 60   '得出总的小时数
  minu = minu Mod 60 '得出分钟数
  day = hour \ 24    '得出总的天数
  hour = hour Mod 24 '得出小时数
  Label2 = Text1.Text & "秒=" & day & "天" & _
  hour & "小时" & minu & "分" & sec & "秒"
End Sub
```

习　题　3

一、单项选择题

1. A   2. D   3. C   4. D   5. D   6. C

二、填空题

1. 变量、属性

2. 单引号(')、下划线(_)、冒号(:)

3. Inputbox、字符串、val

4. Msgbox

5. 根据条件在不同的操作中选取其中的一种

6. Is 关系表达式

7．不应改变其值

8．顺序、分支、循环

9．4

10．2、3

11．13

12．程序运行结果为：*****
　　　　　　　　　　　***
　　　　　　　　　　　　*

13．程序运行结果为：BB
　　　　　　　　　　　CCC
　　　　　　　　　　　DDDD
　　　　　　　　　　　EEEEE

14．① n Mod 5 = 0 And n Mod 7 = 0　　② While k < 5

15．① Len(str)　　　　　　　　　　　② n \ 2
　　③ Mid(str, n–i + 1, 1)　　　　　　④ Mid(str, n–i + 1, 1)

三、程序设计题

1．**解题分析**：设 1 分、2 分和 5 分硬币的数量分别为 a、b 和 c。由于每种硬币的数量至少为 8 枚，所以，a 的范围是 8~(100–2*8–5*8)，b 的范围是 8~(100–1*8–5*8)\2，c 的范围是 8~(100–1*8–2*8)\5。编写 3 层的循环，测试条件是 a*1+b*2+c*5=100，可在窗体的 Click 事件中编写程序代码，运行界面如图 4-4 所示。

操作步骤：

(1) 在 VB 环境中创建工程、窗体。

(2) 编写窗体的 Click 事件代码，如代码 4-6 所示。

(3) 按 F5 功能键，运行程序，单击窗体，运行结果如图 4-4 所示。

代码 4-6
```
Private Sub Form_click()
 Dim a%, b%, c%, k%, i%
   'Print "一分硬币数量 "; "二分硬币数量 "; "五分硬币数量 "
   For a = 8 To 44
     For b = 8 To 26
       For c = 8 To 15              '循环依次遍历
         If a + 2 * b + 5 * c = 100 Then   '满足测试条件
           Print a; b; c,           '输出各硬币的数量
           k = k + 1
           If k Mod 3 = 0 Then Print        '换行
         End If
       Next c
     Next b
   Next a
   Print "共有"; k; "种方案"
End Sub
```

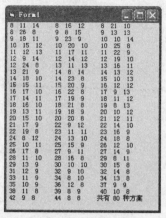

图 4-4　程序运行界面

2. **解题分析**：根据题目要求，可用随机函数分别产生两个 1～10 的操作数，再将"+"、"−"、"×"、"÷"四种运算符分别对应于 1、2、3、4，通过随机函数随机生成一个 1～4 之间的数以确定算术运算符，将两个操作数以此运算符进行运算，并将运算结果在文本框的 KeyPress 事件中与用户输入的答案比较。若相同，则在图片框中输出的算式之后，再输出符号"√"；否则，输出符号"×"。同时分别用两个变量保存用户计算算式正确和错误的数目，当停止做题时，点击"统计"按钮，输出一条虚线隔断，再输出做题的正确率。

操作步骤：

(1) 在 VB 环境中创建工程、窗体，在窗体上添加 1 个标签、1 个文本框、1 个图形框和 3 个按钮。

(2) 设置各相关控件的属性，如表 4-3 所示。

(3) 编写各相关控件的事件代码，如代码 4-7 和代码 4-8 所示。

(4) 按 F5 功能键，运行程序，程序运行状况如图 4-5 所示。

表 4-3　各相关控件的属性及其值

控件名称	属　性	属性值	备　注
Form1	Caption	测试	窗体的标题
Command1	Caption	出题	按钮的标题
Command2	Caption	统计	按钮的标题
Command3	Caption	结束	按钮的标题

代码 4-7

```
Option Explicit
Dim result!, nok%, nerror%
'定义按钮1单击事件过程
Private Sub Command1_Click()
   Dim num1%, num2%, nop%, op$
   Randomize
   num1 = Int(10 * Rnd + 1)    '生成第一个数
   num2 = Int(10 * Rnd + 1)    '生成第二个数
   nop = Int(4 * Rnd + 1)      '生成一个在1-4之间的随机数
   Select Case nop             '这个随机数代表4个运算符
      Case 1                   '1代表+号
         op = "+": result = num1 + num2
      Case 2                   '2代表-号
         op = "-": result = num1 - num2
```

图 4-5　程序运行界面

```
    Case 3                                      '3代表*号
        op = "×": result = num1 * num2
    Case 4                                      '4代表/号
        op = "÷": result = num1 / num2
   End Select                              '依次判断,并求结果
   Label1 = num1 & op & num2 & "="        '在标签框中显示题目
   Text1.SetFocus                         '将焦点锁定在文本框1
End Sub
```

代码 4-8

```
'定义按钮2单击事件过程,统计结果
Private Sub Command2_Click()
   Label1 = ""
   Picture1.Print "--------------------------------"
   Picture1.Print "一共计算" & (nok + nerror) & "道题",
   Picture1.Print "得分" & Int(nok / (nok + nerror) * 100)
End Sub
'定义按钮3单击事件过程,结束程序
Private Sub Command3_Click()
  End
End Sub
'定义文本框1键盘按下事件过程
Private Sub Text1_KeyPress(KeyAscii As Integer)
   If KeyAscii = 13 Then        '当按下回车键,表示答案输入结束
      If Val(Text1) = result Then
         Picture1.Print Label1; Text1; Tab(10); "√"
         nok = nok + 1                '统计正确的数量
      Else
         Picture1.Print Label1; Text1; Tab(10); "×"
         nerror = nerror + 1          '统计错误的数量
      End If
      Text1 = ""
      Text1.SetFocus
   End If
End Sub
```

3. **解题分析**：在 ASCII 码表中，可显示打印的 ASCII 码其值从 32 开始，一直到 126，因此，可用循环变量，自 32 开始一直循环到 126，对 ASCII 码的值，使用 Chr$()函数，可以获得对应该码值的字符，在窗体上的图片框中用 Print 方法输出，为了使输出的内容整齐规范，设定每行输出一定列数后换行重新输出(如图 4-6 所示)。可使用 Tab()函数在指定的位置输出，其格式为：

Tab(m*((i+j) mod n)+1)

格式中 m 为每列表达式及间隔所占的最大宽度，n 为每行可输出的表达式的列数，i 是循环变量，j 是补值，以满足当 i 为起始值时，((i+j) mod n)表达式的值为 0，1 表示每行第 1 列表达式输出的起始位置。本题中各参数值的取法参见代码 4-9 命令按钮的 Click 事件代码。

操作步骤：

(1) 在 VB 循环中创建工程、窗体，在窗体上添加 1 个图片框、1 个命令按钮。

(2) 设置相关控件的属性，如表 4-4 所示。

(3) 编写相关控件的事件代码，如代码 4-9 所示。

(4) 按 F5 功能键，运行程序，点击"打印"按钮，运行结果如图 4-6 所示。

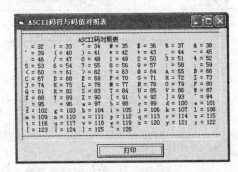

图 4-6　程序运行结果

表 4-4   各相关控件的属性及其值

控件名称	属　　性	属性值	备　　注
Form1	Caption	ASCII 码符与码值对照表	窗体的标题
Command1	Caption	打印	按钮的标题

代码 4-9

```
Option Explicit
'定义按钮单击事件过程
Private Sub command1_Click()
  Dim asc As Integer, k As Integer
  Picture1.Print "
  Picture1.Print Spc(25); "ASCII码对照表"
  For asc = 32 To 126          '依次打印可打印字符
      Picture1.Print Tab(9 * ((asc + 3) Mod 7) + 2); Chr(asc); "="; asc;
  Next asc
  Picture1.Print
  Picture1.Print "
End Sub
```

4. **解题分析**：本题是求证通过文本框中输入的内容是否和指定内容(假设正确口令为："123456")相同。当文本框中内容输入完毕后验证文本框中内容是否正确,可利用文本框的 KeyPress 事件或 Validata 事件编写代码。若利用 KeyPress 事件,则要求用户在输入口令后必须按 Enter 键,通过 KeyPress 事件中返回的 KeyAscii 参数检测到 Enter 键,开始对文本框中输入的整体内容进行验证;如采用 Validata 事件编程,则当文本框即将失去焦点时,触发 Validata 事件,通过编程验证文本框中输入口令的正确性。本题解答使用 KeyPress 事件编程。当口令输入不正确时,可使用 Msgbox()函数显示提示信息。为了防止输入口令时显示口令造成泄密,应设置输入口令的文本框的 PasswordChar 属性值为 "*",使得在文本框中输入的任何内容均显示为*。

操作步骤：

(1) 在 VB 环境中创建工程、窗体,在窗体上添加 1 个标签,1 个文本框。

(2) 设置相关控件的属性,如表 4-5 所示。

(3) 编写相关控件的事件代码,如代码 4-10 所示。

(4) 按 F5 功能键,运行程序,观察程序运行效果,如图 4-7 所示。

表 4-5   各相关控件的属性及其值

控件名称	属　　性	属性值	备　　注
Form1	Caption	口令验证	窗体的标题
Text1	Text		清空
Text1	PasswordChar	*	隐藏显示口令内容

代码 4-10

```
'定义文本框键盘按下事件过程
Private Sub Text1_KeyPress(KeyAscii As Integer)
  If KeyAscii = 13 Then          '判断是否按下了回车键
    If Text1.Text = "123456" Then
        MsgBox "口令正确!", , "习题3-4"
    Else
        Text1.Text = ""
        MsgBox "口令错误!请重新输入口令!", , "习题3-4"
    End If
  End If
End Sub
```

图 4-7 程序运行界面

5. **解题分析**: 一个数的因子就是能被此数整除的数, 可以通过循环语句, 用此数对从 1 开始, 到此数的一半的每一个数进行 Mod 运算, 余数为 0 的数都是此数的因子。

操作步骤:

(1) 在 VB 环境中创建工程、窗体, 在窗体上添加 3 个标签、3 个文本框和 1 个按钮。

(2) 设置各相关控件的属性, 如表 4-6 所示。

(3) 编写相关控件的事件代码, 如代码 4-11 所示。

(4) 按 F5 功能键, 运行程序, 在"输入数据"文本框中输入一个数(例如 50), 点击"求因子"按钮, 在"其因子是"和"因子个数"文本框中分别显示出该的所有因子及统计出的因子个数, 运行界面如图 4-8 所示。

表 4-6 各相关控件的属性及其值

控件名称	属 性	属性值	备 注
Form1	Caption	求解因子	窗体的标题
Text1/Text2/text3	Text	空	清空
Label1	Caption	输入数据	
Label2	Caption	其因子是	
Label3	Caption	因子个数	
Command1	Caption	求因子	

代码 4-11

```
Option Explicit
'定义按钮单击事件过程
Private Sub Command1_Click()
    Dim x%, i%, k%, s$
    s$ = ""
    x = Val(Text1.Text)        '取数据
    For i = 1 To x \ 2         '循环依次除以1到x \ 2的数
        If x Mod i = 0 Then     '余数为0, 可以除尽
            k = k + 1            '则i为x的因子, 统计因子
            s$ = s$ & " " & i
            Text2.Text = s$      '输出因子本身
        End If
    Next i
    Text3.Text = k              '输出因子个数
End Sub
```

图 4-8 程序运行界面

6. **解题分析**: 声明一个包含 10 个元素的数组, 在循环语句中, 用随机函数产生 10 随机整数, 每产生一个随机整数, 都对其进行最小数、最大数比较, 并将其累加到存放求和值的变量中, 循环结束, 即可得出最小数、最大数, 将其累加和除以 10 即为它们的平均数。

操作步骤:

(1) 在 VB 环境中创建工程、窗体, 在窗体上添加 4 个标签、4 个文本框控件。

(2) 设置相关控件的属性, 如表 4-7 所示。

(3) 编写相关控件的事件代码，如代码 4-12 所示。

(4) 按 F5 功能键，运行程序，程序运行结果如图 4-9 所示。

表 4-7　各相关控件的属性及其值

控件名称	属　　性	属性值	备　　注
Form1	Caption	求最大数和最小数	窗体的标题
Text1/Text2 Text3/Text4	Text		清空
Label1	Caption	生成一组数据	
Label2	Caption	最大数是	
Label3	Caption	最小数是	
Label4	Caption	平均数是	

代码 4-12

```
Option Explicit
'定义窗体单击事件过程
Private Sub Form_click()
  Dim i%, x%, max!, min!, ave!
  max = Int(Rnd * 90 + 10)    '生成第一个随机数
  min = max                    '将此数设为最大、最小
  ave = max                    '平均数取此数的值
  Text1.Text = max             '将此数显示在文本框1中
  For i = 2 To 10              '进行一个9次的循环
    x = Rnd * 90 + 10          '生成一个随机数
    Text1.Text = Text1.Text & " " & x
    ave = ave + x              '进行累加
    If x > max Then            '将此数与最大数比较
      max = x                  '如果此数大于最大数则修改最大数
    ElseIf x < min Then        '将此数与最小数比较
      min = x                  '如果此数小于最小数则修改最小数
    End If
  Next i
  ave = ave / 10              '计算平均
  Text2.Text = max            '在文本框2中显示最大数
  Text3.Text = min            '在文本框3中显示最小数
  Text4.Text = ave            '在文本框4中显示平均数
End Sub
```

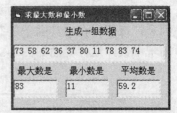

图 4-9　程序运行结果界面

7. **解题分析**: 采用循环语句，循环变量取值从 6 开始到 100，每一个循环变量的值，都对 6 进行 Mod 运算，根据结果是否为 0 确定是否是 6 的倍数，若是则在窗体上显示，并将其值进行累加计算，计数器加 1，循环结束，就可在窗体上显示出 100 以内的所有 6 的倍数的数字，个数及累加和(如图 4-10 所示)。

操作步骤：

(1) 在 VB 环境中创建工程、窗体。

(2) 设置窗体的 Caption 属性为"测试数据"。

(3) 编写窗体的 Click 事件代码，见，编写窗体的单击事件过程，运行界面如图 4-10 所示，程序代码如代码 4-13 所示。

(4) 按 F5 功能键，运行程序，单击窗体，显示运行结果(图 4-10)。

代码 4-13

```
Option Explicit
'定义窗体单击事件过程
Private Sub Form_click()
  Dim i%, k%, sum%
```

```
For i = 6 To 100              '循环依次测试每一个数据
  If i Mod 6 = 0 Then
    Print i;                  '满足条件打印
    sum = sum + i
    k = k + 1                 '满足条件统计
    If k Mod 10 = 0 Then Print  '控制换行
  End If
Next i
Print
Print "共有"; k; "个"          '输出总数
Print "和为: "; sum            '输出和
End Sub
```

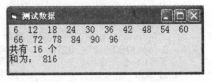

图 4-10　程序运行结果界面

8. **解题分析**: 此题的求解可采用循环语句，定义两个求和变量，一个用于存放累加项数之和，另一个用于存放每一累加项之和。

操作步骤:

(1) 在 VB 环境中创建工程、窗体，在窗体上添加 2 个文本框和 2 个标签控件。

(2) 设置相关控件的属性，如表 4-8 所示。

(3) 编写窗体的 Click 事件代码，如代码 4-14 所示。

(4) 按 F5 功能键，运行程序，运行界面如图 4-11 所示。

表 4-8　各相关控件的属性及其值

控件名称	属　　性	属性值	备　　注
Form1	Caption	求和	窗体的标题
Text1/Text2	Text		清空
Label1	Caption	n 的值	
Label2	Caption	和	

代码 4-14

```
Option Explicit
'定义窗体单击事件过程
Private Sub Form_click()
  Dim s1%, s2%, n%, i%
  n = Val(Text1.Text)      '取n的值
  For i = 1 To n           '循环进行n次
    s1 = s1 + i            '累加第i项
    s2 = s2 + s1           '将第i项累加到和
  Next i
  Text2.Text = s2          '输出和
End Sub
```

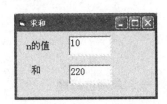

图 4-11　求和程序运行结果界面

9. **解题分析**: 求解此题可采用条件循环语句，判断当 n 的阶乘结果大于指定数时，跳出循环，并输出此时的 n 值。

操作步骤:

(1) 在 VB 环境中创建工程、窗体。

(2) 编写窗体的 Click 事件代码，如代码 4-15 所示。

(3) 按 F5 功能键，运行程序，单击窗体，观察运行结果。

代码 4-15

```
Option Explicit
'定义窗体单击事件过程
Private Sub Form_click()
  Dim s!, n%, i%
```

```
    s = 1                  '设累乘积初值为1
    n = 1                  '设n初值为1
    Do
      n = n + 1            '递增n
      s = s * n            '进行累乘
    Loop While s < 32767   '如果累乘积小于32767继续
    Print n - 1            '如果累乘积大于32767结束
End Sub                    '结束后的前一次的n值
```

10. 解题分析：如图 4-12 所示，输出图形分为左右两个三角块。每个三角块都有 5 行输出，左边三角块首行输出从第 1 列开始，每行的起始列随着行数的增加而增加，每行输出的*符号数量随着行数的增加而减少 2 倍的行数增加量，通过 String()函数可输出指定数量的的*符号；右边三角块与左边三角块每行间隔等距，或用 Space()函数输出定长的空格，再输出右边三角块，右边三角块第一行只有一个*符号，每行的*符号数量随着行数的增加而增加 2 倍的行数增加量，也使用 String()输出*符号。

操作步骤：

(1) 在 VB 环境中创建工程、窗体。

(2) 编写窗体的 Click 事件代码，如代码 4-16 所示。

(3) 按 F5 功能键，运行程序，观察程序运行结果。

代码 4-16

```
Option Explicit
'定义窗体单击事件过程
Private Sub Form_click()
  Dim i%
  For i = 1 To 5
    Print Tab(i); String(9 - 2 * (i - 1), "*"); _
    Spc(2); String(1 + 2 * (i - 1), "*")
  Next i
End Sub
```

图 4-12　图形运行结果界面

<h1 align="center">习　题　4</h1>

一、单项选择题

1．A	2．B	3．D	4．C	5．C	6．B	7．A	8．C
9．D	10．B	11．A	12．B	13．B	14．D	15．A	16．B
17．A	18．D	19．D	20．D	21．C	22．B	23．C	24．D
25．A	26．B	27．A	28．A	29．D	30．B		

二、填空题

1．标准控件、ActiveX 控件

2．PictureBox、Picture1、OptionButton、Option1、HScrollBar、HScroll1、ComboBox、Combo1、Shape、Shape1

3．Picture1.picture=loadpicture("c:\Windows\picfile.jpg")

4．AutoSize、Stretch、False

5. Picture1.Move 200,100,Picture1.Width/2,Picture1.Height/2

6. Picture1.picture=LoadPicture(" ")

7. Value

8. Aligement

9. Style

10. Enabled

11. 窗体、图片框、框架

12. LargeChange

13. 0、List1.ListCount−1、clear

14. List、selected

15. Scroll

16. 15000、Time()

17. 下拉列表框、Style、2

18. Caption、&、Alt

19. 文本框、列表框

20. 设计状态、程序运行

21. i+1、　List1.RemoveItem j

22. CboComputer.text=CboComputer.List(i)、　not Flag、
　　　CboComputer.AddItem CboComputer.text

三、简单程序设计题

1. **解题分析**：在"登录"按钮的 Click 事件中编程，将输入在文本框中的分别赋于两个变量，为防止输入过程中误操作，应用 Trim()函数去除输入信息的头、尾部空格。用 Left()函数截取用户名的第一个字符，判断是否是字母，若不是字母，根据题意给出信息提示，将用户名清空，并将控件焦点再次置于用户名，等待重新输入用户名。用 Static 关键字声明记录口令输入次数的静态变量，判断输入的口令是否和默认值相同，若不相同，将口令输入次数增 1，检查口令输入次数是否达到 3 次，若达到 3 次，给出"不是合法用户"的提示，并结束程序运行，若没有达到 3 次，给出"口令不正确，请重新输入"提示，清空口令文本框，并将控件焦点置于口令文本框。

操作步骤：

(1) 在 VB 环境中创建工程、窗体，在窗体上添加 2 个文本框、2 个标签和 2 个命令按钮控件。

(2) 设置各相关控件的属性，如表 4-9 所示。

表 4-9　各相关控件的属性及其值

控件名称	属　　性	属性值	备　　注
Form1	Caption	登录	窗体的标题
Command1	Caption	登录	按钮的标题
Command2	Caption	退出	按钮的标题
Label1	Caption	用户名	
Label2	Caption	口　令	

(3) 编写命令按钮的 Click 事件代码，如代码 4-17 所示。

(4) 按 F5 功能键，运行程序，分别正确和错误的用户名、口令，观察程序运行的结果。

代码 4-17

```
Option Explicit
Private Sub Command1_Click()
    Static n_pw              '声明保存输入口令次数的静态变量
    Dim s_user As String, s_pw As String
    s_user = Trim(Text1.Text)    '去除文本框输入过程可能存在的头尾部空格
    s_pw = Trim(Text2.Text)
        '判断用户名第一个字符是否是字母
    If UCase(Left(s_user, 1)) < "A" Or UCase(Left(s_user, 1)) > "Z" Then
        MsgBox "用户名不正确，请重新输入!!"
        Text1 = ""
        Text1.SetFocus     '将控件焦点置于用户名文本框
        Exit Sub
    End If
    If s_pw <> "123456" Then      '判断输入的口令是否和默认值相同
        MsgBox "口令不正确，请重新输入!"
        n_pw = n_pw + 1           '口令输入次数累加
        If n_pw = 3 Then          '判断口令输入次数是否大于3次
            MsgBox "你不是合法用户，不能登录!!"
            End               '结束程序运行，退出
        End If
        Text2 = ""
        Text2.SetFocus          '将控件焦点置于口令文本框
    End If
End Sub
Private Sub Command2_Click()
    End
End Sub
```

2. **解题分析**：根据题意使用列表框列出可向顾客提供的菜名，饭店菜谱列表框采用复选框样式(Style 属性置 1)，允许顾客在列表框中同时选择多个菜名。在"添加"按钮的 Click 事件中，通过循环语句对列表框的所有列表项从下到上进行循环检测，检测每一列表项的 Selected(i)属性值是否为 True，以判断该列表项是否已被选中，对已被选中的列表项可通过 Additem 方法，添加到顾客用菜列表框中，同时再用 RemoveItem 方法将其从饭店菜谱中删除的地。将顾客用菜列表框的 MultiSelect 属性设置为 2，允许用户同时选择多个选错的菜名列表项，通过点击"删除"按钮，可将其从顾客用菜列表框中删除。在列表框的双击事件中，可直接通过 AddItem 方法和 RemoveItem 方法对选中的列表项进行操作。

操作步骤：

(1) 在 VB 环境中创建工程、窗体，在窗体上添加 2 个标签，2 个列表框和 3 个命令按钮控件。

(2) 设置各相关控件的属性，如表 4-10 所示。

表 4-10　各相关控件的属性及其值

控件名称	属　　性	属性值	备　　注
Form1	Caption	点菜程序	窗体的标题
Command1	Caption	添加	按钮的标题
Command2	Caption	删除	按钮的标题
Command3	Caption	退出	按钮的标题
Label1	Caption	饭店菜谱	
Label2	Caption	顾客用菜	
List1	Style	1	设置为复选框模式
List2	MultiSelect	2	扩展多项选择

(3) 编写相关控件的事件代码，如代码 4-18 和代码 4-19 所示。

(4) 按 F5 功能键，运行程序，观察程序运行结果。

代码 4-18

```
Option Explicit
Private Sub Command1_Click()
    Dim i%                              '定义循环变量
    '从列表框中最后一项开始循环到第一项
    For i = List1.ListCount - 1 To 0 Step -1
        If List1.Selected(i) Then      '判断此项是否被选中
            List2.AddItem List1.List(i)
            '在List2中添加List1中被选中项内容
            List1.RemoveItem i         '从List1中删除此选中项
        End If
    Next i
End Sub
Private Sub Command2_Click()
    Dim i%                              '定义循环变量
    '从列表框中最后一项开始循环到第一项
    For i = List2.ListCount - 1 To 0 Step -1
        If List2.Selected(i) Then      '判断此项是否被选中
            List1.AddItem List2.List(i)
            '在List1中添加List2中被选中项内容
            List2.RemoveItem i         '从List2中删除此选中项
        End If
    Next i
End Sub
Private Sub Command3_Click()
    End
End Sub
```

代码 4-19

```
Private Sub Form_Load()
    List1.AddItem "荷叶粉蒸肉"          '向列表框中添加菜名项
    List1.AddItem "回锅肉"
    List1.AddItem "西湖醋鱼"
    List1.AddItem "象牙里脊"
    List1.AddItem "黄酒目鱼"
    List1.AddItem "雪梨烩鸡块"
    List1.AddItem "凤眼猪肝"
    List1.AddItem "虾仁涨蛋"
    List1.AddItem "宫爆鸡丁"
    List1.AddItem "鱼香肉丝"
    List1.AddItem "清蒸鲈鱼"
    List1.AddItem "辣味黄豆"
    List1.AddItem "麻辣佛手肚"
    List1.AddItem "锅酥牛肉"
    List1.AddItem "鸡火莼菜汤"
    List1.AddItem "冬瓜火腿汤"
    List1.AddItem "松鼠桂鱼"
    List1.AddItem "东北十锦"
    List1.AddItem "蚝油生菜"
End Sub
Private Sub List1_DblClick()
    List2.AddItem List1.List(List1.ListIndex)
    List1.RemoveItem List1.ListIndex
End Sub
Private Sub List2_DblClick()
    List1.AddItem List2.List(List2.ListIndex)
    List2.RemoveItem List2.ListIndex
End Sub
```

3. **解题分析**：完成此题的要求，必须能实现时钟指针随系统时间的改变而动态的变化位置，用于表示秒针、分针和时针的线控件的一个端点的坐标位置应是固定不变的(在时钟的轴心上)，另一个端点的坐标位置可根据系统时间获得的秒数、分钟数及小时数在指针长度不变的情况下相对轴心转动来求得。再用时钟控件运行刷新指针的位置，就可得到一个指针动态转动的时钟画面。

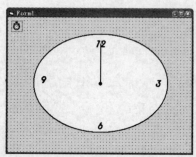

图 4-13 时钟设计图

操作步骤：

(1) 在 VB 环境中创建工程、窗体，在窗体上添加 2 个 Shape 控件、3 个 Line 控件、4 个标签控件和 1 个时钟控件，根据图 4-13 初步调整各控件的相对位置，3 个指针控件垂直重叠放置。

(2) 设置各相关控件的属性，如表 4-11 所示。

(3) 编写各相关控件的事件代码，如代码 4-20 和代码 4-21 所示。

(4) 按 F5 功能键，运行程序，观察运行效果。

表 4-11　各相关控件的属性及其值

控件名称	属　性	属性值	说　　明
Shape1	Shape	2	椭圆
	BackStyle	1	背景不透明
	BackColor	&H00FFFFFF&	白色表盘
Shape2	Shape	3	圆
	BackStyle	1	背景不透明
	BackColor	&H00000000%	黑色轴心
Line1	ForeColor	%H000000FF%	红色秒针
Line2	BorderWidth	2	分针线宽
Line3	BorderWidth	2	时针线宽
Label1	Caption	12	时钟盘面数字
Label2	Caption	3	时钟盘面数字
Label3	Caption	6	时钟盘面数字
Label4	Caption	9	时钟盘面数字
Timer1	Interval	100	时钟指针刷新频率

代码 4-20

```
Option Explicit
Const pi! = 3.1415926
Dim t!, u!, v!, s!
Private Sub Form_Load()
    Line1.Tag = Line1.Y2 - Line1.Y1    '使用Line控件的tag属性来存放指针的长度
    Line2.Tag = Line2.Y2 - Line2.Y1
    Line3.Tag = Line3.Y2 - Line3.Y1
    Shape1.Top = (ScaleHeight - Shape1.Height) / 2    '设置shape在窗体中的位置
    Shape1.Left = (ScaleWidth - Shape1.Width) / 2
    Shape2.Top = (ScaleHeight - Shape2.Height) / 2
    Shape2.Left = (ScaleWidth - Shape2.Width) / 2
    Label1.Left = Me.ScaleWidth / 2 - 250        '设置Label在窗体中的位置
    Label1.Top = Shape1.Top + 50
    Label2.Left = Shape1.Left + Shape1.Width - 550
    Label2.Top = ScaleHeight / 2 - 200
    Label3.Left = Me.ScaleWidth / 2 - 150
    Label3.Top = Shape1.Top + Shape1.Height - 550
    Label4.Left = Shape1.Left + 200
    Label4.Top = ScaleHeight / 2 - 250
    Line1.X2 = ScaleWidth / 2                     '设置指针的轴心位置
```

```
    Line1.Y2 = ScaleHeight / 2
    Line2.X2 = ScaleWidth / 2
    Line2.Y2 = ScaleHeight / 2
    Line3.X2 = ScaleWidth / 2
    Line3.Y2 = ScaleHeight / 2
    Me.Caption = Format(Time, "Medium Time")      '设置窗体标题显示时间的格式
    t = Second(Time)                              '取系统时间的秒数
    Line1.X1 = Line1.X2 + Line1.Tag * Sin(pi * t / 30)
    Line1.Y1 = Line1.Y2 - Line1.Tag * Cos(pi * t / 30)
    u = Minute(Time)                              '取系统时间的分钟数
    Line2.X1 = Line2.X2 + Line2.Tag * Sin(pi * u / 30)
    Line2.Y1 = Line2.Y2 - Line2.Tag * Cos(pi * u / 30)
    v = Hour(Time)                                '取系统时间的小时数
    s = IIf(v >= 12, v - 12, v) + u / 60
    Line3.X1 = Line3.X2 + Line3.Tag * Sin(pi * s / 6)
    Line3.Y1 = Line3.Y2 - Line3.Tag * Cos(pi * s / 6)
End Sub
```

代码 4-21

```
Private Sub Timer1_Timer()
    t = Second(Time)
    '求秒针的移动端位置坐标
    Line1.X1 = Line1.X2 + Line1.Tag * Sin(pi * t / 30)
    Line1.Y1 = Line1.Y2 - Line1.Tag * Cos(pi * t / 30)
    If t = 0 Then           '设置当系统秒数为0时，分针、时针及窗体标题改变
        Me.Caption = Format(Time, "Medium Time")
        u = Minute(Time)
        '求分针的移动端位置坐标
        Line2.X1 = Line2.X2 + Line2.Tag * Sin(pi * u / 30)
        Line2.Y1 = Line2.Y2 - Line2.Tag * Cos(pi * u / 30)
        v = Hour(Time)
        s = IIf(v >= 12, v - 12, v) + u / 60
        '求时针的移动端位置坐标
        Line3.X1 = Line3.X2 + Line3.Tag * Sin(pi * s / 6)
        Line3.Y1 = Line3.Y2 - Line3.Tag * Cos(pi * s / 6)
    End If
End Sub
```

4. **解题分析**：可用形状控件在窗体上作出 3 个小圆模拟三色信号灯。用 3 个文本框控件及 3 个 UpDown 控件组合，用以设置三色信号灯延迟的时间，在各色信号灯的延迟时间较短时(小于 60s)，可使用 1 个时钟控件就可实现各色信号灯的循环延迟亮灯。将 3 个文本框中设置的各色信号灯的延迟时间作为时钟控件的 Interval 属性值，先设定一个累加变量，在时钟控件的 Timer 事件中通过累加变量对 3 的 Mod 运算，根据其值分别可为 0、1、2 确定红、黄、绿三色灯亮及延迟时间。通过"开始"按钮启动时钟控件，并从红灯开始三色循环延迟亮灯。

操作步骤：

(1) 在 VB 环境中创建工程、窗体，在窗体上添加 4 个形状控件、1 个框架控件、3 个标签控件、2 个命令按钮控件、1 个时钟控件、1 个包括三个元素的文本框控件数组和 1 个包括三个元素的 UpDown 控件数组。各控件的相互位置关系调整可参考图 4-14。

(2) 设置各相关控件的属性，如表 4-12 所示。

(3) 编写各相关控件的事件代码，如代码 4-22 和代码 4-23 所示。

(4) 按 F5 功能键，运行程序，设置各色信号灯延迟时间，单击"开始"按钮，观察信号灯变化效果。

表 4-12　各相关控件的属性及其值

控件名称	属　　性	属性值	说　　明
Shape1	Shape	3	椭圆
	BackStyle	1	背景不透明
	BackColor	vbRed	红色
Shape2	Shape	3	圆
	BackStyle	1	背景不透明
	BackColor	vbYellow	黄色
Shape3	Shape	3	圆
	BackStyle	1	背景不透明
	BackColor	vbGreen	绿色
Shape4	BorderWidth	2	线宽
Frame1	Caption	延迟时间	框架标题
Label1	Caption	红灯	
Label2	Caption	黄灯	
Label3	Caption	绿灯	
Command1	Caption	开始	
Command2	Caption	退出	
Timer1	Enabled	False	禁止工作

代码 4-22

```
Option Explicit
Dim sec%
Private Sub Command1_Click()
    If Command1.Caption = "开始" Then
        Command1.Caption = "停止"
        Frame1.Enabled = False        '屏蔽延迟时间更改
        Timer1.Interval = 1
        Timer1.Enabled = True         '启动时钟控件
    Else
        Command1.Caption = "开始"
        Frame1.Enabled = True         '允许更改延迟时间
        Timer1.Enabled = False        '关闭时钟控件
        sec = 0                       '循环变量置初值
        Shape1.BackColor = vbBlack    '将信号灯置黑色
        Shape2.BackColor = vbBlack
        Shape3.BackColor = vbBlack
    End If
End Sub
Private Sub Command2_Click()
    End
End Sub
```

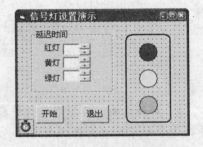

图 4-14　信号灯设置演示

代码 4-23

```
Private Sub Form_Load()
    Text1(0).Text = 1                 '设置各色延迟时间初值
    Text1(1).Text = 1
    Text1(2).Text = 1
    Shape1.BackColor = vbBlack        '设置各色信号灯初始颜色
    Shape2.BackColor = vbBlack
    Shape3.BackColor = vbBlack
End Sub
Private Sub Timer1_Timer()
    Select Case sec Mod 3             '根据运算结果确定信号灯颜色
    Case 0
        Timer1.Interval = Val(Text1(0)) * 1000    '设定延迟
        Shape1.BackColor = vbRed                  '红灯亮
        Shape2.BackColor = vbBlack
        Shape3.BackColor = vbBlack
    Case 1
```

```
        Timer1.Interval = Val(Text1(1)) * 1000
        Shape1.BackColor = vbBlack
        Shape2.BackColor = vbYellow                '黄灯亮
        Shape3.BackColor = vbBlack
    Case 2
        Timer1.Interval = Val(Text1(2)) * 1000
        Shape1.BackColor = vbBlack
        Shape2.BackColor = vbBlack
        Shape3.BackColor = vbGreen                 '绿灯亮
    End Select
    sec = sec + 1                        '循环亮灯变量累加
End Sub
```

5. **解题分析**: 求解本题需解决两个问题，一个是星空繁星，可在窗体上用窗体的坐标系通过 Rnd 随机函数产生随机点的当前坐标(CurrentX，CurrentY)，星星的色彩也可使用 Rnd 生成随机三基色 RBG，再通过窗体的 Pset 方法在窗体的当前坐标上画出指定颜色的点。采用循环语句重复画点就画出星空繁星。月全食可通过两个直径略有差异的圆形 Shape 控件，一个为白色的月亮(大的)，另一个为地球的阴影(小的)，月亮设定在窗体的中心，地球从窗体的边缘在时钟控件的控件下慢慢地向月亮移动，演示月全食。

操作步骤:

(1) 在 VB 环境中创建工程、窗体，在窗体上添加 2 个形状控件。

(2) 设置相关控件的属性，如表 4-13 所示。

(3) 编写各相关控件的事件代码，如代码 4-24 所示。

(4) 按 F5 功能键，运行程序，观察程序运行结果。

表 4-13 各相关控件的属性及其值

控件名称	属 性	属性值	说 明
Shape1	Shape	3	圆
	BackStyle	1	背景不透明
	BackColor	&H00FFFFFF&	白色月亮
Shape2	Shape	3	圆
	BackStyle	1	背景不透明
	BackColor	&H00000000%	黑色地球阴影

代码 4-24

```
Option Explicit
Dim sw!, sh!, cr&, cb&, cg&, i%, j%
Private Sub Form_Load()
    sw = Me.ScaleWidth        '取窗体的坐标宽度
    sh = Me.ScaleHeight       '取窗体的坐标高度
    Shape1.Top = (sh - Shape1.Height) / 2    '设置Shape1初始位置
    Shape1.Left = (sw - Shape1.Width) / 2
    Shape2.Top = (sh - Shape2.Height) / 2    '设置Shape2初始位置
    Shape2.Left = 0
    For i = 1 To 500            '产生500个星星
        CurrentX = Rnd * sw      '生成随机点坐标
        CurrentY = Rnd * sh
        cr = Int(Rnd * 256)      '生成随机点的随机颜色
        cb = Int(Rnd * 256)
        cg = Int(Rnd * 256)
                                 '在随机点坐标上画星星
        Me.PSet (CurrentX, CurrentY), RGB(cr, cg, cb)
    Next i
    j = 1
End Sub
```

```
Private Sub Timer1_Timer()
  If Shape2.Left + Shape2.Width < 0 Then j = 1    '向左移动
  If Shape2.Left > sw Then j = -1                 '向右移动
  Shape2.Left = Shape2.Left + j * 20              '改变Shape2水平位置
End Sub
```

习 题 5

一、单项选择题

1. A   2. B   3. C   4. B   5. D   6. C   7. A   8. D

9. A   10. C

二、填空题

1. ① arr1(1)或 12   ② Min = arr1(i)

2. ① s1+ ww(k)   ② s2 + ww(k)

3. ① t   ② a(3)   ③ a(1)

4. ① tt(k)+ww(k, j)   ② tt(1)   ③ 1

三、程序设计题

1. **解题分析**：可以声明一个包含 10 元素的数组，使用循环语句，通过 InputBox()函数对话框接收输入 10 个整数，每接收一个数都将其在图片框中显示出来，输入结束后再重新使用循环语句对数组每个元素检测是奇数还是偶数，并分别用两个变量保存奇数和偶数的累加和，循环结束后将累加和结果用文本框在窗体上显示出来。

操作步骤：

(1) 在 VB 环境中创建工程、窗体，在窗体上添加 3 个标签控件、1 个图片框控件、2 个文本框控件和 2 个命令按钮控件。

(2) 设置各相关控件的属性，如表 4-14 所示。

(3) 编写相关控件的事件代码，如代码 4-25 所示。

(4) 按 F5 功能键，运行程序，单击"输入"按钮，在 Inputbox()对话框中分别输入 10 个任意数，再单击"计算"按钮，观察在文本框中输入的结果，如图 4-15 所示。

表 4-14   各相关控件的属性及其值

控件名称	属　性	属性值	说　明
Command1	Caption	输入	
Command2	Caption	计算	
Label1	Caption	输入的数据	
Label2	Caption	奇数之和	
Label3	Caption	偶数之和	
Text1/Text2	Text		清空

代码 4-25

```
Option Base 1
Dim A(10) As Integer '定义所有事件过程可共享的数组
Private Sub Command1_Click()
 Dim i%
 For i = 1 To 10
   A(i) = InputBox("请输入数据：")
   Picture1.Print A(i);
 Next i
End Sub
Private Sub Command2_Click()
 Dim i%, Psum%, Nsum%
 For i = 1 To 10
   If A(i) Mod 2 <> 0 Then
     Psum = Psum + A(i)        '求奇数之和
   Else
     Nsum = Nsum + A(i)        '求偶数之和
   End If
 Next i
 Text1.Text = Str(Psum)
 Text2.Text = Str(Nsum)
End Sub
```

图 4-15　程序运行结果界面

2. **解题分析**：可声明一个包含 8 个元素的数组，通过循环语句，使用随机函数生成 8 个 1~10 之间的随机整数分别赋于 8 个数组元素。再采用经典选择排序法对 8 个数组元素排序，排序后的结果在图片框中输出。

操作步骤：

(1) 在 VB 环境中创建工程、窗体，在窗体上添加 3 个标签控件、1 个文本框控件、2 个命令按钮控件和 2 个图片框控件。

(2) 设置相关控件的属性，如表 4-15 所示。

(3) 编写相关控件的事件代码，如代码 4-26 所示。

(4) 按 F5 功能键，运行程序，在文本框中输入数组元素的个数，点击"生成数组"按钮，再点击"选择排序"按钮，观察程序运行的结果，如图 4-16 所示。

表 4-15　各相关控件的属性及其值

控件名称	属　　性	属性值	说　　明
Command1	Caption	生成数组	
Command2	Caption	选择排序	
Label1	Caption	数组的长度	
Label2	Caption	生成的数组	
Label3	Caption	排序后的数组	
Text1	Text		清空

代码 4-26

```
Option Base 1
Dim w() As Integer
Dim i%, j%, n%
Private Sub Command1_Click()
 n = Val(Text1.Text)
 ReDim w(n) As Integer
 For i = 1 To n
   w(i) = Int(Rnd * 10 + 1)
   Picture1.Print w(i);       '输出要排序的数据
 Next i
End Sub
```

图 4-16　程序运行结果界面

```
Private Sub Command2_Click()
  Dim k%, t%
  For i = 1 To n - 1
    k = i
    For j = i + 1 To n
      If w(j) < w(k) Then k = j
    Next j
    If k <> i Then
        t = w(k)
        w(k) = w(i)
        w(i) = t
    End If
  Next i
  For i = 1 To n
    Picture2.Print w(i);    '输出排序后的结果
  Next i
End Sub
```

　　3. **解题分析**: 根据题目要求, 在窗体模块中声明一个包含 10 个元素的数组, 在"输入数据"按钮的 Click 事件中通过循环语句和 InputBox()对话框接收输入 10 个学生的成绩, 并在图片框中显示出来。在"最高分"和"最低分"按钮的 Click 事件中通过循环语句对数组各元素用比较法分别找出最高分和最低分, 并在文本框中显示, 在"平均分"按钮的 Click 事件中通过循环语句, 将数组各元素的数据累加, 循环结束后将累加之和再除以数组元素的个数得平均分, 在文本框中显示。

　　操作步骤:

　　(1) 在 VB 环境中创建工程、窗体, 在窗体上添加 1 个图片框控件、3 个文本框控件和 4 个命令按钮控件, 设计界面如图 4-17 所示。

　　(2) 设置各相关控件的属性, 如表 4-16 所示。

　　(3) 编写相关控件的事件代码, 如代码 4-27 所示。

　　(4) 按 F5 功能键, 运行程序, 点击"输入数据"按钮, 输入 10 个学生的成绩, 再分别点击"最高分"、"最低分"和"平均分"按钮, 观察在文本框中显示的数据。

表 4-16　各相关控件的属性及其值

控件名称	属　性	属性值
Command1	Caption	最高分
Command2	Caption	最低分
Command3	Caption	平均分
Command4	Caption	输入数据

代码 4-27

```
Dim a(1 To 10) As Integer, i%    '声明模块级数组a
Private Sub Command1_Click()    '最高分按钮事件
Dim max%
  max = a(1)
  For i = 2 To 10
    If max < a(i) Then max = a(i)
  Next i
  Text1.Text = Str(max)
End Sub
Private Sub Command2_Click()    '最低分按钮事件
Dim min%
  min = a(1)
  For i = 2 To 10
    If min > a(i) Then min = a(i)
  Next i
  Text2.Text = Str(min)
```

图 4-17　程序运行初始界面

```
End Sub
Private Sub Command3_Click()          '平均分按钮事件
Dim sum%, ave!
  For i = 1 To 10
    sum = sum + a(i)
  Next i
    ave = sum / 10
  Text3.Text = Str(ave)
End Sub
Private Sub Command4_Click()          '输入数据按钮事件
For i = 1 To 10
    a(i) = InputBox("请输入数据:")
    Picture1.Print a(i);
Next i
End Sub
```

4. **解题分析**: 观察杨辉三角形的结构，可将其看作是一个二维矩阵的左下半部分，声明一个拥有 i 行 j 列的二维数组 w(i,j)来描述杨辉三角形中的各个数据，再仔细观察各数据的组成可以发现，矩阵对角斜线上的数据都为 1，即当 i=j 时，数组元素 W(i,j)的值都为 1；而每一行的第 1 个数也全为 1，即当 j=1 时，w(i,j)=1；此外，中间第 i 行 j 列的数据等于第 i−1 行 j−1 列的数加上第 i−1 行 j 列的数，因此，可用双层循环嵌套来输出杨辉三角形的数据排列。

操作步骤：

(1) 在 VB 环境中创建工程、窗体，在窗体上添加 1 个图片框控件和 1 个命令按钮控件。

(2) 设置命令按钮控件的 Caption 属性值为"生成"。

(3) 编写命令按钮控件的 Click 事件代码，如代码 4-28 所示。

(4) 按 F5 功能键，运行程序，点击"生成"按钮，程序运行效果如图 4-18 所示。

代码 4-28
```
Private Sub Command1_Click()
Dim w(7, 7) As Integer
Dim i%, j%
For i = 1 To 7
  For j = 1 To i
    If i = j Then          '对角线上的数据
        w(i, j) = 1
    ElseIf j = 1 Then
        w(i, j) = 1        '每行第1列数据
    Else
        w(i, j) = w(i - 1, j - 1) + w(i - 1, j)
    End If
    Picture1.Print Tab((j - 1) * 4 + 1); w(i, j);
  Next j
Next i
End Sub
```

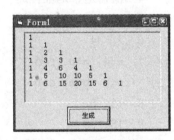

图 4-18   程序运行结果界面

5. **解题分析**: 声明一个表示 i 行 j 列的二维数组 aa(i,j)，根据题意，该矩阵中排列数据的规律是两条对角线上的元素均为 1，其余均为 0，即当 i=j 或 i+j=6 时，数组元素 aa(i,j)=1，否则，aa(i,j)=0。在图片框中每行输出 5 列，共输出 5 行。

操作步骤：

(1) 在 VB 环境中创建工程、窗体，在窗体上添加一个图片框控件和一个命令按钮控件。

(2) 设置命令按钮控件的 Caption 属性值为"输出"。

(3) 编写命令按钮控件的 Click 事件代码，如代码 4-29 所示。

(4) 按 F5 功能键，运行程序，点击"输出"按钮，观察程序运行结果，如图 4-19 所示。

代码 4-29

```
Option Base 1
Private Sub Command1_Click()
Dim aa%(5, 5), i%, j%
For i = 1 To 5
  For j = 1 To 5
    If i = j Or i + j = 6 Then
        aa(i, j) = 1          '两条主对角线上的值为1
    Else
        aa(i, j) = 0          '其余值为0
    End If
    Picture1.Print Tab((j - 1) * 3 + 1); aa(i, j); '输出
  Next j
Next i
End Sub
```

图 4-19　程序运行结果界面

习　题　6

一、单项选择题

1. C　　　2. B　　　3. C　　　4. D　　　5. A　　　6. A　　　7. A　　　8. B
9. D　　　10. B

二、填空题

1. Static

2. public

3. Dim、private

4. 值传递、地址传递

5. 10

6. 2、34

7. a=4　b=6　c=6
   a=8　b=6　c=6

8. 15、6

9. 18、28

10. 28、18

三、程序设计题

1. **解题分析**：分别建立一个函数过程和一个子过程，使用参数传递将"输入精度"和"x 的值"分别传递给函数和子过程，通过点击命令按钮，调用函数和子过程，函数过程运行的结果由函数名返回，子过程运行的结果由地址传递的参数返回，分别显示在"级数和"的文本框中。

操作步骤：

(1) 在 VB 环境中创建工程、窗体，在窗体上添加 4 个标签控件、4 个文本框控件和二个按钮控件。

(2) 设置相关控件的属性，如表 4-17 所示。

(3) 编写相关控件的事件代码，如代码 4-30 和代码 4-31 所示。

(4) 按 F5 功能键，运行程序，在文本框中分别输入"输入精度"值和"x 的值"，分别单击两个命令按钮，在两个"级数和"文本框中分别显示出调用子过程和调用函数过程求出的值，程序运行效果如图 4-20 所示。

表 4-17 各相关控件的属性及其值

控件名称	属 性	属性值
Form1	Caption	求级数和
Command1	Caption	利用函数过程
Command2	Caption	利用子过程
Label1	Caption	输入精度
Label2	Caption	X 的值
Label3	Caption	级数和
Label4	Caption	级数和

代码 4-30

```
Option Explicit
Private Sub Command1_Click()
  Dim exp!, x!, y!
  exp = Val(Text1.Text)          '取精度
  x = Val(Text2.Text)            '取x的值
  y = exmi1(exp, x)              '调用函数过程
  Text3.Text = y                 '输出级数和
End Sub
Private Sub Command2_Click()
  Dim exp!, x!, y!
  exp = Val(Text1.Text)          '取精度
  x = Val(Text2.Text)            '取x的值
  Call exmi2(y, exp, x)          '调用子过程
  Text4.Text = y                 '输出级数和
End Sub
```

图 4-20 程序运行结果界面

代码 4-31

```
'定义函数过程
Private Function exmi1(ByVal exp!, ByVal x!)
  Dim t!, i%
  i = 1                          '设循环初值
  t = 1                          '设第一项的值
  exmi1 = 1                      '设级数和的初值
  Do While Abs(t) > exp          '精度不够，循环继续
    t = t * x / i                '利用上一项求下一项的值
    exmi1 = exmi1 + t            '进行累加
    i = i + 1                    '递增下一项
  Loop                           '循环继续
End Function
'定义子过程
Private Sub exmi2(exmi!, ByVal exp!, ByVal x!)
  Dim t!, i%
  i = 1                          '设循环初值
  t = 1                          '设第一项的值
  exmi = 1                       '设级数和的初值
  Do While Abs(t) > exp          '精度不够，循环继续
    t = t * x / i                '利用上一项求下一项的值
    exmi = exmi + t              '进行累加
    i = i + 1                    '递增下一项
  Loop                           '循环继续
End Sub
```

2. **解题分析**: 本题可建立 2 个自定义子过程, 分别为:

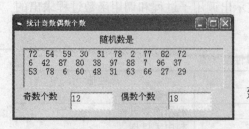

图 4-21　程序运行结果界面

(1) 产生 30 个随机数子过程, 并输出在图片框中;

(2) 统计并通过文本框输出奇数和偶数的个数。

操作步骤:

(1) 在 VB 环境中创建工程、窗体, 在窗体上创建 3 个标签控件、1 个图片框控件和 2 个文本框控件。

(2) 设置各相关控件的属性, 如表 4-18 所示。

(3) 编写各相关控件的事件代码与自定义过程代码, 如代码 4-32 所示。

(4) 按 F5 功能键, 运行程序, 单击窗体, 程序运行结果见图 4-21 所示。

表 4-18　各相关控件的属性及其值

控件名称	属　　性	属性值
Form1	Caption	统计奇数偶数个数
Label1	Caption	随机数是
Label2	Caption	奇数个数
Label3	Caption	偶数个数

代码 4-32

```
Option Explicit
Dim a(30) As Integer, k1%, k2%      '定义窗体级数组和变量
Private Sub Form_click()            '定义窗体单击事件
  Call shench                       '调用子过程生成
  Call tongji                       '调用子过程统计、输出
End Sub
Private Sub shench()                '定义子过程生成
  Dim i%
  For i = 1 To 30                   '循环生成随机数
    a(i) = Rnd * 100 + 1            '将随机数赋给数组元素
    Picture1.Print a(i);            '将数组元素打印在图形框上
    If i Mod 10 = 0 Then Picture1.Print      '控制换行
  Next i
End Sub
Private Sub tongji()                '定义子过程统计
  Dim i%
  For i = 1 To 30                   '循环依次判断
    If a(i) Mod 2 <> 0 Then
      k1 = k1 + 1                   '统计奇数个数
    Else
      k2 = k2 + 1                   '统计偶数个数
    End If
  Next i
  Text1.Text = k1                   '输出奇数个数
  Text2.Text = k2                   '输出偶数个数
End Sub
```

3. **解题分析**: 创建一个判断能否同时被 17 与 37 整除的自定义函数过程, 在窗体的 Click 事件中采用循环语句, 通过调用自定义函数过程, 检测并统计 1000~2000 之间所有的能同时被 17 与 37 整除的数, 并用 Print 方法输出在窗体上。

操作步骤:

(1) 在 VB 环境中创建工程、窗体。

(2) 设置窗体的标题, Form1.Caption="统计数据"。

(3) 建立判断能否同时被 17 与 37 整除的自定义函数过程，编写窗体的 Click 事件代码，如代码 4-33 所示。

(4) 按 F5 功能键，运行程序，程序运行结果如图 4-22 所示。

代码 4-33

```
Option Explicit
Private Sub Form_click()              '定义窗体单击事件过程
  Dim i%, k%
  For i = 1000 To 2000                '循环依次检测
    If yesno(i) = 1 Then              '调用函数，如果满足条件
      k = k + 1                       '统计
      Print i;                        '输出数据
    End If
  Next i
  Print
  Print "共有"; k; "个"              '输出总数
End Sub
Private Function yesno(ByVal n%)       '定义函数过程
  If n Mod 17 = 0 And n Mod 37 = 0 Then '检测条件
    yesno = 1                         '满足条件返回1
  Else
    yesno = 0                         '不满足条件返回0
  End If
End Function
```

图 4-22　程序运行结果界面

4. **解题分析**：创建一个自定义子过程，可根据存放在字符串变量中的字符串，使用 Mid() 函数分别统计出其中包含 26 个字母的个数，并将此结果保存到一个拥有 26 个元素的数组中，通过 Print 方法可在图片框中将结果输出。

操作步骤：

(1) 在 VB 环境中创建工程、窗体，在窗体上添加 1 个标签控件、1 个文本框控件和 1 个图片框控件。

(2) 设置各相关控件的属性，如表 4-19 所示。

表 4-19　各相关控件的属性及其值

控件名称	属　性	属性值
Form1	Caption	统计字母个数
Label1	Caption	输入字符串

(3) 编写自定义子过程及相关控件的事件代码，如代码 4-34 所示。

(4) 按 F5 功能键，运行程序，在文本框中随意输入一些字母字符，单击窗体，在图片框中输出统计结果，如图 4-23 所示。

代码 4-34

```
Option Explicit
Dim a(26) As Integer, str$                '定义窗体级变量
Private Sub Form_click()                  '定义窗体单击事件
  Dim i%
  str = Text1.Text                        '取文本框的字符串
  Call tongji                             '调用子过程进行统计
  For i = 1 To 26                         '循环依次输出
    Picture1.Print Chr$(i + 64); "字母"; a(i); "个";
    If i Mod 4 = 0 Then Picture1.Print    '控制换行
  Next i
End Sub
Private Sub tongji()                      '定义统计子过程
```

```
  Dim i%, s$
  For i = 1 To Len(str)                    '循环依次进行
    s = Mid(str, i, 1)                     '取其中的一个字符
    If s >= "A" And s <= "Z" Then          '如果是大写字母
      a(Asc(s) - 65 + 1) = a(Asc(s) - 65 + 1) + 1    '统计
    ElseIf s >= "a" And s <= "z" Then      '如果是小写字母
      a(Asc(s) - 97 + 1) = a(Asc(s) - 97 + 1) + 1    '统计
    End If
  Next i
End Sub
```

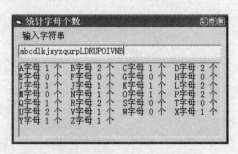

图 4-23　程序运行结果界面

5. **解题分析**: 若方程 f(x)=0 在[a, b]区间有一个根，则 f(a)和 f(b)的符号必然相反，二分法求根的思路就是在二分的过程中不断缩小求根的区间，方法如下：

(1) 取 a 与 b 的中点 c=(a+b)/2，将求根区间分成两半；

(2) 判断根在上区间还是在下区间，有以下 3 种情况：

① 若 f(c)≤ε 或|c−a|<ε (ε为精度)，则 c 为求得的根，结束；

② 若 f(c)f(a)<0，则求根区间在[a, c]，b=c，转(1)；

③ 若 f(c)f(a)>0，则求根区间在[c, b]，a=c，转(1)。

这样不断重复二分过程，将含根区间缩小一半，直到 f(c)≤ε。因此可根据此原理创建一个自定义函数过程，根据传递的区间端点及精度参数，求出方程的根返回。

操作步骤：

(1) 在 VB 环境中创建工程、窗体。

(2) 设置窗体的标题：Form1.Caption="求方程的根"。

(3) 编写自定义函数过程和窗体的 Click 事件代码，如代码 4-35 所示。

(4) 按 F5 功能键，运行程序，单击窗体，程序在窗体上输出求解的根，如图 4-24 所示。

图 4-24　求方程根程序运行界面

代码 4-35

```
Private Sub Form_click()      '定义窗体单击事件过程
  Dim y!, x1!, x2!, eps!      '定义辅助变量
  x1 = -5
  x2 = 5                      '定义区间
  eps = 0.000001              '定义精度
  y = root(x1, x2, eps)       '调用函数过程
  Print "方程的根="; y        '输出方程的根
End Sub
'定义函数过程
Private Function root(ByVal a!, ByVal b!, ByVal c!) As Single
  Dim x!, y!, m!, n!
  m = 3 * a ^ 3 - 4 * a ^ 2 - 5 * a + 13 '计算下界
```

```
n = 3 * b ^ 3 - 4 * b ^ 2 - 5 * b + 13   '计算上界
Do
    x = (a + b) / 2                        '计算中点
    y = 3 * x ^ 3 - 4 * x ^ 2 - 5 * x + 13   '计算中点的值
    If y * m > 0 Then                      '与下界符号相同
        a = x
        m = y                              '用中点替换下界
    Else                                   '与上界符号相同
        b = x
        n = y                              '用中点替换上界
    End If
Loop While Abs(a - b) > c                  '测试循环条件
root = (a + b) / 2                         '取中点作为根
End Function
```

6. **解题分析**：可分别创建两个子过程，一个子过程用于随机生成一个包含指定数量的数组，另一个子过程可以根据对该数组中元素位置移动要求及数组参数对数组中的元素位置进行重新排列并在窗体的文本框中输出。将数组中某一元素分量从原位置移动到一指定的新位置上，只是该元素在数组中排列的位置发生变化，其他元素在数组中排列的位置均不发生变化，因此不是将该元素与指定位置处的元素进行位置对换，而是将该元素分量保存到一个临时变量中，再将此元素分量位置的后面元素顺序一个一个前移(或将此元素分量位置的前面元素顺序一个一个后移)，直到指定新位置的元素分量也被移动后，再将保存在临时变量中的该元素放入新位置处，实现数组中元素的移动。

操作步骤：

(1) 在 VB 环境中创建工程、窗体，在窗体上添加 4 个标签控件、4 个文本框控件和 2 个命令按钮控件。

(2) 设置各相关控件的属性，如表 4-20 所示。

(3) 编写自定义子过程和命令按钮的 Click 事件代码，如代码 4-36 所示。

(4) 按 F5 功能键，运行程序，点击"生成数组"按钮，在"生成的数组"文本框中显示所产生的数组，再分别填入移动前、后的位置，然后点击"移动数组"按钮，在"移动后数组"文本框中显示出移动后数组的排列，如图 4-25 所示。

表 4-20　各相关控件的属性及其值

控件名称	属　　性	属性值
Form1	Caption	移动元素
Label1	Caption	生成的数组
Label2	Caption	移动前的位置
Label3	Caption	移动后的位置
Label4	Caption	移动后数组
Command1	Caption	生成数组
Command2	Caption	移动数组

代码 4-36

```
Option Explicit
Dim a(11) As Integer               '定义窗体级变量
Private Sub Command1_Click()       '定义按钮1单击事件过程
    Call shenchen                  '调用生成子过程
End Sub
Private Sub shenchen()             '定义生成子过程
    Dim i%
```

```
   For i = 1 To 10
     a(i) = Rnd * 100                    '循环生成数组
     Text1.Text = Text1.Text & "  " & a(i)
   Next i                                '循环输出数组
End Sub
Private Sub Command2_Click()     '定义按钮2单击事件过程
   Dim k1%, k2%, i%
   k1 = Val(Text2.Text)                  '取移动前的位置
   k2 = Val(Text4.Text)                  '取移动后的位置
   Call yidong(k1, k2)                   '调用移动子过程
   For i = 1 To 10                       '循环输出移动后的数组
     Text3.Text = Text3.Text & "  " & a(i)
   Next i
End Sub
Private Sub yidong(ByVal k1%, ByVal k2%)    '定义移动子过程
   Dim i%, x%
   x = a(k1)                             '保存需要移动的元素
   For i = k1 + 1 To k2
     a(i - 1) = a(i)          '将k1+1到k2的每一个元素依次前移
   Next i
   a(k2) = x                             '插入元素在k2位置
End Sub
```

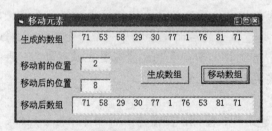

图 4-25   移动元素程序运行界面

    7. 解题分析: 如在一个数组中增加或删除元素分量,该数组应能在程序运行状态下改变数组的大小,因此数组应在窗体模块中声明为动态数组。如向数组中指定位置插入一个元素,应先将数组下标的上限扩大一个分量,再由后向前依次将指定位置及其后的每个元素分量都向后移动一个位置,然后将需插入的数据存入指定位置的分量中。本题可分别创建生成数组的自定义子过程和在指定位置插入数据的自定义子过程。

    操作步骤:

    (1) 在 VB 环境中创建工程、窗体,在窗体上添加 4 个标签控件、4 个文本框控件和 2 个命令按钮控件。

    (2) 设置各相关控件的属性,如表 4-21 所示。

表 4-21   各相关控件的属性及其值

控件名称	属 性	属性值
Form1	Caption	插入元素
Label1	Caption	生成的数组
Label2	Caption	插入的位置
Label3	Caption	插入的元素
Label4	Caption	插入后数组
Command1	Caption	生成数组
Command2	Caption	插入元素

    (3) 编写自定义子过程及命令按钮 Click 事件代码,如代码 4-37 所示。

(4) 按 F5 功能键，运行程序，单击"生成数组"按钮，在"生成的数组"文本框中显示产生的数组，再分别输入"插入的位置"和"插入的元素"，单击"插入元素"按钮，然后在"插入后数组"文本框中输出变化后的数组排列，如图 4-26 所示。

代码 4-37

```
Option Explicit
Dim a(11) As Integer              '定义窗体级变量
Private Sub Command1_Click()      '定义按钮1单击事件过程
  Call shenchen                   '调用生成子过程
End Sub
Private Sub shenchen()            '定义生成子过程
  Dim i%
  For i = 1 To 10
    a(i) = Rnd * 100              '循环生成数组
    Text1.Text = Text1.Text & " " & a(i)
  Next i                          '循环输出数组
End Sub
Private Sub Command2_Click()      '定义按钮2单击事件过程
  Dim k%, i%, x%
  k = Val(Text2.Text)            '取插入位置
  x = Val(Text4.Text)            '取插入元素
  Call charu(k, x)               '调用插入子过程
  For i = 1 To 11                '循环输出插入后的数组
    Text3.Text = Text3.Text & " " & a(i)
  Next i
End Sub
Private Sub charu(ByVal k%, x%)   '定义插入子过程
  Dim i%
  For i = 10 To k Step -1
    a(i + 1) = a(i)  '将此位置和其后的每一个元素依次后移
  Next i
  a(k) = x                        '插入元素在指定位置
End Sub
```

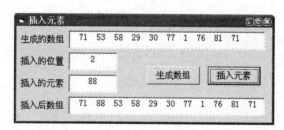

图 4-26　插入元素程序运行界面

8. **解题分析**：一个数的因子就是能被该数整除的数，故一个数可能拥有多个因子。求解本题首先要能统计出任给的一个数拥有多少个因子，并将拥有的因子数累加，通过检测是否等于该数以判断该数是否是"完数"。因此可以创建一个检测是否是完数的自定义函数过程用于在 1~1000 循环语句中检测哪些是完数。若是将其显示并累加求和，循环结束后输出累加和。

操作步骤：

(1) 在 VB 环境中创建工程、窗体。

(2) 设置窗体的标题：Form1.Caption="求完数"。

图 4-27　求完数程序运行界面

(3) 编写自定义过程及窗体的 Click 事件代码，如代码 4-38 所示。

(4) 按 F5 功能键，运行程序，单击窗体，在窗体上显示程序运行结果，如图 4-27 所示。

代码 4-38

```
Option Explicit
Private Sub Form_Click()                    '定义窗体单击事件过程
  Dim i As Integer, sum As Integer
  sum = 0                                   '用于存放和, 其初值为0
  Print "1～1000之间的所有完数有: "
  For i = 1 To 1000                         '循环依次检测1-1000内的某一个数
    If puan(i) = 1 Then                     '如果是完数则累加、输出
      sum = sum + i
      Print i;
    End If
  Next i
  Print
  Print "1～1000之间的所有完数之和为: " & sum     '输出完数之和
End Sub
'定义函数过程, 用于判断数a是否是完数
Private Function puan(a As Integer) As Integer
  Dim sum As Integer, i As Integer
  sum = 0
  For i = 1 To a - 1                        '循环依次找因子
    If a Mod i = 0 Then sum = sum + i       '如果是因子, 则累加
  Next i
  If sum = a Then                           '如果因子之和等于其本身
    puan = 1                                '则此数是完数
  Else                                      '如果因子之和不等于其本身
    puan = 0                                '则此数不是完数
  End If
End Function
```

习 题 7

一、选择题

1. C   2. A   3. D   4. A   5. C   6. B   7. B   8. C

9. A   10. C

二、填空题

1. PopupMenu
2. 窗体文件
3. Hide
4. bas
5. Visible
6. ① 下拉 ② 弹出
7. 分隔线
8. ToolTipText
9. 水平平铺

三、程序设计题

1. **解题分析**: 本题可通过使用通用对话框控件的 ShowColor、ShowFont 方法或 Action 属性可以分别调用"颜色"对话框和"字体"对话框, 获得对颜色或字体的选择(分别存放在通用对话框控件的 Color、FontName、FontSize 等属性中), 再将这些选择赋于指定对象的属

性，就可以方便地设置这些对象的字体、颜色等属性。

操作步骤：

(1) 在 VB 环境中创建工程、窗体，在窗体上添加 1 个文本框控件、3 个命令按钮控件和 1 个通用对话框控件，设计界面如图 4-28 所示。

(2) 设置相关控件的属性，如表 4-22 所示。

(3) 编写相关控件的事件代码，如代码 4-39 所示。

(4) 按 F5 功能键，运行程序，分别单击"选择字体"、"文字颜色"和"背景颜色"按钮，设置文本框中文字的属性，观察程序运行结果，如图 4-29 所示。

表 4-22　各相关控件的属性及其值

控件名称	属　性	属性值	备　注
Form1	Caption	简单文本编辑器	窗体的标题
Command1	Caption	选择字体	按钮的标题
Command2	Caption	文字颜色	按钮的标题
Command3	Caption	背景颜色	按钮的标题
Text1	Text	字体和颜色演示区	

图 4-28　设计界面　　　　　　　　　图 4-29　程序运行结果界面

代码 4-39

```
Option Explicit
Private Sub Command1_Click()        '设置文本框中文字的字体
    CommonDialog1.Flags = 3
    CommonDialog1.Action = 4
    Text1.FontName = CommonDialog1.FontName
    Text1.FontSize = CommonDialog1.FontSize
    Text1.FontBold = CommonDialog1.FontBold
    Text1.FontItalic = CommonDialog1.FontItalic
End Sub
Private Sub Command2_Click()        '设置文本框中文字的颜色
    CommonDialog1.Action = 3
    Text1.ForeColor = CommonDialog1.Color
End Sub
Private Sub Command3_Click()        '设置文本框的背景颜色
    CommonDialog1.Action = 3
    Text1.BackColor = CommonDialog1.Color
End Sub
```

2. **解题分析**：VB 系统提供了菜单编辑器，选择"工具/菜单编辑器"菜单项就可以打开"菜单编辑器"对话框，利用此对话框可以很方便地制作一个窗口菜单(如图 4-30 所示)。需注意所创建菜单的每一个菜单项的名称必须具有唯一性，且不能为空，系统就是通过该名称识别和调用对应的菜单功能。

在菜单建立好后，还需在"代码编辑器"中为不同的菜单项编写相应的事件过程，以便在程序运行时选择某一菜单项触发相应的事件过程，完成对应的功能操作。

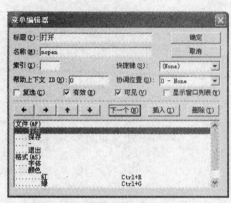

4-30 "菜单编辑器"对话框

操作步骤:

(1) 在 VB 环境中创建工程、窗体,在窗体上添加一个文本框控件和一个通用对话框控件。

(2) 设置相关控件的属性,如表 4-23 所示。

(3) 选择"工具/菜单编辑器"菜单项,打开"菜单编辑器"对话框,设计各菜单项,界面如图 4-30 所示,各菜单项的属性设置如表 4-24 所示。设计结束后,单击"确定"按钮,保存菜单的设计。窗体界面设计如图 4-31 所示。

(4) 编写各菜单项的 Click 事件代码如代码 4-40 和代码 4-41 所示。

(5) 单击"菜单/保存工程"命令,将 ex7-2.frm 窗体文件、ex7-2.vbp 工程文件保存于"习题 7-2"文件夹中。

(6) 按 F5 功能键,运行程序,程序运行结果如图 4-32 所示。

表 4-23   相关控件的属性设置

控件名称	属 性	属性值	说 明
Form1	Caption	简易文本编辑器	
	Text	格式菜单可以改变文本框中字体的样式及颜色。	
Text1	MultiLine	True	多行显示
	ScrollBars	3	加水平和垂直滚动条
	Top	0	
	Left	0	

表 4-24   各菜单项相关属性设置

标 题	名 称	快捷键	说 明
文件(&F)	Nfile		菜单标题(设热键 Alt+F)
……打开	Nopen		菜单项
……保存	Nsave		菜单项
……-	Bar		分隔条
……退出	Nexit		菜单项
格式(&S)	Style		菜单标题(设热键 Alt+S)
……字体	Nfont		菜单项
……颜色	Ncolor		子菜单标题
………红	Red	Ctrl + R	子菜单项(加快捷键)
………绿	Green	Ctrl + G	子菜单项(加快捷键)
………兰	Blue	Ctrl + B	子菜单项(加快捷键)

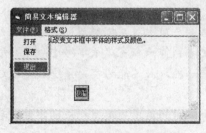

图 4-31   窗体界面设计

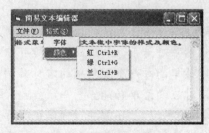

图 4-32   程序运行结果界面

代码 4-40

```
Private Sub nopen_Click()    '单击 "打开" 菜单项
    Dim strline$
    Me.CommonDialog1.ShowOpen
    Open Me.CommonDialog1.FileName For Input As #1
        Text1 = ""
        Do While Not EOF(1)
            Line Input #1, strline
            Text1.Text = Text1 + strline + Chr(13) + Chr(10)
        Loop
    Close #1
End Sub
Private Sub nsave_Click()    '单击 "保存" 菜单项
    Me.CommonDialog1.ShowSave
    Open Me.CommonDialog1.FileName For Output As #1
        Print #1, Text1.Text
    Close #1
End Sub
Private Sub nexit_Click()     '单击 "退出" 菜单项
    End
End Sub
```

代码 4-41

```
Private Sub nfont_Click()    '单击 "字体" 菜单项
CommonDialog1.FileName = "宋体"
  With CommonDialog1
    .Flags = 3
    .ShowFont
    Text1.FontName = .FontName
    Text1.FontSize = .FontSize
    Text1.FontBold = .FontBold
    Text1.FontItalic = .FontItalic
    Text1.FontUnderline = .FontUnderline
    Text1.FontStrikethru = .FontStrikethru
  End With
End Sub
Private Sub red_Click()       '单击 "红" 子菜单项
  Text1.ForeColor = RGB(255, 0, 0)
End Sub
Private Sub green_Click()     '单击 "绿" 子菜单项
  Text1.ForeColor = RGB(0, 255, 0)
End Sub
Private Sub blue_Click()      '单击 "兰" 子菜单项
  Text1.ForeColor = RGB(0, 0, 255)
End Sub
```

3. **解题分析**: 弹出式菜单的创建和窗口菜单相似, 只是弹出式菜单在正常情况下不显示, 只有在某一事件被触发时(如单击鼠标右键), 才显示在窗体上, 因此, 在创建弹出式菜单时, 需将该菜单项对应的 Visible 属性设置为 False, 即在 "菜单编辑器" 中该菜单项的 "可见" 复选框不能被选中, 如图 4-33 所示。

操作步骤:

(1) 鼠标双击上一题所保存的文件夹中的 ex7-2.vbp 工程文件, 进入 VB 设计状态。

(2) 选择 "工具/菜单编辑器" 菜单项, 打开 "菜单编辑器" 对话框, 添加菜单项(如图 4-33 所示), 新菜单项属性如表 4-25 所示(特别注意在添加 "编辑" 菜单标题时, 要去掉 "可见" 复选框中的对勾); 单击 "确定" 按钮, 保存菜单设计。

(3) 编写弹出式菜单项的 Click 事件代码, 如代码 4-42 所示。

(4) 将工程另存为 "ex7-3.vbp", 窗体文件也另存为 "ex7-3.frm"。

(5) 按 F5 功能键，运行程序。在文本框中输入文字，选择所需菜单项，对文字进行相应的设置。当鼠标右击时即可弹出"nedit"菜单，对文字进行编辑，其结果如图 4-34 所示。

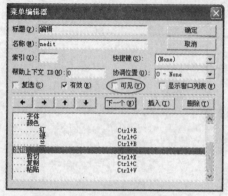

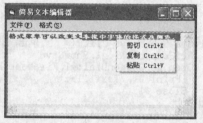

图 4-33　添加菜单项设计界面　　　　　　图 4-34　程序运行结果界面

表 4-25　新菜单项属性设置

标　题	名　称	可见(Visible)	说　明
编辑	nedit	False	菜单标题
‥‥剪切	nCut	True	菜单项
‥‥复制	nCopy	True	菜单项
‥‥粘贴	nPaste	True	菜单项

代码 4-42

```
Private Sub nCut_Click()
    Clipboard.Clear            '剪切板清空
'将文本框中所选中的文字放入剪切板中
    Clipboard.SetText Text1.SelText
    Text1.SelText = ""        '将文本框中所选中的文字删除
End Sub
Private Sub nCopy_Click()
    Clipboard.Clear            '剪切板清空
'将文本框中所选中的文字放入剪切板中
    Clipboard.SetText Text1.SelText
End Sub
Private Sub nPaste_Click()
'将剪切板中的内容粘贴到文本框中的光标所在处
    Text1.SelText = Clipboard.GetText()
End Sub
Private Sub Text1_MouseUp(Button As Integer, _
Shift As Integer, X As Single, Y As Single)
  If Button = 2 Then                    '鼠标右击
    PopupMenu nedit                     '弹出 nedit菜单
  End If
End Sub
```

习　题　8

一、单项选择题

1. B　　2. D　　3. C　　4. B　　5. D　　6. C　　7. D　　8. A

9. C　　10. C　　11. C　　12. D　　13. A　　14. B　　15. A　　16. A

17．A　　18．A　　19．C　　20．D　　21．A　　22．A　　23．C　　24．C

25．D　　26．A

二、填空题

1. 2

2. 3

3. MouseIcon

4. 0 (default)

5. DragMode

6. DragOver、DragDrop

7. DragIcon

8. TypeOf

9. Form1.Scale (–200, 250) – (300, –100)

10. 系统默认

11. 窗体的左上角、向右和向下

12. 刻度、Scale

13. 不会、不会

14. ScaleHeight、ScaleWidth

15. Pic.Circle (Pic.ScaleWidth/2, Pic.ScaleHeight/2), 1000, RGB(255, 0, 0)

16. B

17. $-2\pi \sim 2\pi$

18. 逆

19. DrawWidth

20. Cls、Circle、Line、Point、Pset、PaintPicture

三、简单程序设计题

1. **解题分析**：在文本框 Text1 和 Text2 控件的 KeyPress 事件中，根据返回的 KeyAscii 参数值，可以确定当前按键输入的信息是否是数字，若输入的信息不是数字，可用赋值语句 KeyAscii=0 取消此次的输入。

在窗体上添加一时钟控件，当点击"比较"按钮时，记录此时系统函数 Timer() 返回值，将鼠标指针显示通过 MousePointer 属性设置为"忙"状态，并启动时钟控件，在时钟控件的 Timer 事件中不断地检测系统函数 Timer() 的返回值与已记录的时间值比较判断是否有 3s 时间长度。当到达 3s 后停止时钟控件工作，将鼠标指针显示 MousePointer 属性恢复至系统默认状态，并在文本框 Text3 中显示比较后大数的结果。

将文本框 Text3 的 Locked 属性值设置为 True 可以阻止在此文本框中的输入。在 Text3 控件的 MouseMove 事件中设置 MousePointer 属性值为 12，就可以使得当鼠标移动到 Text3 上时鼠标指针显示为禁止形状。

操作步骤：

(1) 在 VB 环境中创建工程、窗体，在窗体上添加 1 个时钟控件、3 个标签控件、3 个文本框控件和 2 个命令按钮控件。

(2) 设置各相关控件的属性，如表 4-26 所示。

(3) 编写各相关控件的事件编码，如代码 4-43 和代码 4-44 所示。

(4) 按 F5 功能键，运行程序，观察程序运行结果。

表 4-26 各相关控件的属性及其值

控件名称	属 性	属性值	说 明
Command1	Caption	比较	按钮的标题
Command2	Caption	退出	按钮的标题
Label1	Caption	第一个数	
Label2	Caption	第二个数	
Label3	Caption	大 数	
Timer1	Interval	100	
	Enabled	False	

代码 4-43

```
Private Sub Text1_KeyPress(KeyAscii As Integer)
    '判断输入的是否是纯数字
  If KeyAscii > 57 Or KeyAscii < 48 Then
      MsgBox "不能输入非数字字符!"
      KeyAscii = 0          '取消此次输入
  End If
End Sub
Private Sub Text2_KeyPress(KeyAscii As Integer)
    '判断输入的是否是纯数字
  If KeyAscii > 57 Or KeyAscii < 48 Then
      MsgBox "不能输入非数字字符!"
      KeyAscii = 0          '取消此次输入
  End If
End Sub
Private Sub Text3_MouseMove(Button As Integer, Shift As Integer
    Text3.MousePointer = 12    '设置鼠标指针为禁止形状
End Sub
```

代码 4-44

```
Option Explicit
Dim n_s1&, n_s2&
Private Sub Command1_Click()
    n_s1 = Timer()           '取系统此刻所经过的秒数
    Me.MousePointer = 11     '设置鼠标指针为"忙"形状
    Timer1.Enabled = True    '启动时钟控件
End Sub
Private Sub Command2_Click()
    End
End Sub
Private Sub Timer1_Timer()
    n_s2 = Timer() - n_s1      '求点击"比较"按钮后流过的时间
    If n_s2 > 3 Then           '判断是否大于3秒
        '在text3中显示大数
        Text3.Text = IIf(Val(Text1) > Val(Text2), Text1, Text2)
        Me.MousePointer = 0      '将鼠标指针形状设置为系统默认
        Timer1.Enabled = False   '关闭时钟计时器
    End If
End Sub
```

2. **解题分析**：求解此题可通过窗体的 KeyDown 或 KeyUp 事件中返回的 KeyCode 参数值判断用户所按键盘上的键，本题解中选择在 KeyUp 事件中编码，当检测到返回的 KeyCode 参数值是 188("<"键)或 190(">"键)时，将图片框中命令按钮控件的 Width 属性和 Height

属性分别缩小或增大某一指定值，当检测到返回的 KeyCode 参数值为 27("Esc" 键)时结束程序运行。

注意：要使窗体键盘控制事件有效，必须将窗体的 KeyPreview 属性值设置为 True.。

操作步骤：

(1) 在 VB 环境中创建工程、窗体，在窗体上添加 1 个图片框控件，在图片框控件中添加 1 个命令按钮控件。

(2) 设置各相关控件的属性，如表 4-27 所示。

(3) 编写窗体 KeyUp 事件代码，如代码 4-45 所示。

(4) 按 F5 功能键，运行程序，分别按 "<" 和 ">" 键，观察按钮变化效果，按 Esc 键，可结束程序运行。

表 4-27　各相关控件的属性及其值

控件名称	属　　性	属性值	说　　明
Form1	Caption	测试按键	
	KeyPreview	True	使窗体键盘控制有效
Command1	caption	测试按钮	按钮的标题

代码 4-45

```
Option Explicit
Private Sub Form_KeyUp(KeyCode As Integer, Shift As Integer)
    Select Case KeyCode
      Case 27      '释放Esc键，结束程序运行
          End
      Case 190     '释放>键，按钮放大
        Command1.Width = Command1.Width + 20
        Command1.Height = Command1.Height + 10
      Case 188     '释放<键，按钮缩小
        Command1.Width = Command1.Width - 20
        Command1.Height = Command1.Height - 10
    End Select
End Sub
```

3. **解题分析**：命令按钮 1 的操作要解决在窗体上生成圆的圆心坐标，可用随机函数 Rnd() 乘以窗体的坐标宽度和高度，其值作为当前画圆的圆心坐标，再用随机函数 Rnd()乘以 256 作为颜色函数 RGB()三基色的基数画彩色圆。用循环语句生成 500 个圆。

命令按钮 2 的操作可将同心圆的圆心定为窗体的中心，同心圆的半径用随机函数 Rnd() 在 0 到窗体坐标高度一半的范围内产生，同心圆的随机颜色产生同上。

操作步骤：

(1) 在 VB 环境中创建工程、窗体，在窗体上添加 2 个命令按钮。

(2) 设置相关控件的属性，如表 4-28 所示。

表 4-28　各相关控件的属性及其值

控件名称	属　　性	属性值	说　　明
Form1	Caption	画圆演示	窗体的标题
Command1	Caption	随机圆	按钮的标题
Command1	Caption	同心圆	按钮的标题

(3) 编写命令按钮的 Click 事件代码，如代码 4-46 所示。

(4) 按 F5 功能键，运行程序，单击"随机圆"按钮，程序运行结果如图 4-35 所示，单击"同心圆"按钮，程序运行结果如图 4-36 所示。

代码 4-46

```
Option Explicit
Dim sw!, sh!, cr&, cg&, cb&, i%
Private Sub Command1_Click()
  Me.Cls                          '清屏
  sw = Me.ScaleWidth              '取窗体的坐标系宽度
  sh = Me.ScaleHeight             '取窗体的坐标系高度
  For i = 1 To 500
    CurrentX = Rnd * sw           '求当前随机点坐标
    CurrentY = Rnd * sh
    cr = Int(Rnd * 256)           '求随机点颜色
    cg = Int(Rnd * 256)
    cb = Int(Rnd * 256)
    Me.Circle (CurrentX, CurrentY), 100, RGB(cr, cg, cb)
  Next i
End Sub
Private Sub Command2_Click()
  Dim r!
  Cls
  sw = Me.ScaleWidth              '取窗体的坐标系宽度
  sh = Me.ScaleHeight             '取窗体的坐标系高度
  For i = 1 To 500
    r = Rnd * sh / 2
    cr = Int(Rnd * 256)           '求随机点颜色
    cg = Int(Rnd * 256)
    cb = Int(Rnd * 256)
    Me.Circle (sw / 2, sh / 2), r, RGB(cr, cg, cb)
  Next i
End Sub
```

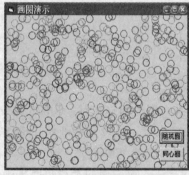

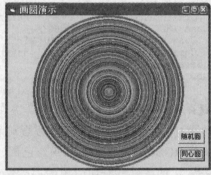

图 4-35   随机圆效果   图 4-36   同心圆效果

4. **解题分析**：采用形状控件数组在窗体上画奥运五环，要控制好数组元素的序号形成与其对应在窗体上的位置坐标，5 个圆环排成两行，每行圆环的 Top 属性值一致，后一个圆环的 Left 属性值为前一个圆环的 Left 属性值再加上圆环的 Width 属性，第 2 行第一个圆环的 Top 属性值为第 1 行圆环 Top 属性值再加上半个圆环 Height 属性值，其 Left 属性值可取第 1 行第 1 个圆环 Left 属性值再加上半个圆环的 Width 属性值。控件数组的元素可用 Load 方法添加到窗体上，再将该元素的 Visible 属性值设置为 True 即可在窗体上显示。通过设置控件数组的 BorderColor 属性值，可以设定 5 个圆环的颜色。

通过设定 CurrentX 和 CurrentY 的值，可将当前坐定在 5 个圆环下面，再用 Print 方法在窗体上输出"2008 北京"。

操作步骤：

(1) 在 VB 环境中创建工程、窗体，在窗体上添加一个形状控件。

(2) 设置相关控件的属性，如表 4-29 所示。

表 4-29 各相关控件的属性及其值

控件名称	属 性	属性值	说 明
Form1	Caption	奥运五环	窗体的标题
	AutoRedraw	True	允许窗体重绘
Shape1	Shape	3	圆环
	BorderWidth	3	圆环线宽度
	Index	0	创建控件数组

(3) 编写窗体的 Load 事件代码，如代码 4-47 所示。

(4) 按 F5 功能键，运行程序，观察程序运行结果。

代码 4-47

```
Option Explicit
Private Sub Form_Load()
  Dim itop%, ileft%, i%, j%, k%
  itop = Shape1(0).Top              '环顶端位置
  ileft = Shape1(0).Left + Shape1(0).Width  '下一个环左边位置
  For i = 1 To 2                    '外循环为行
    For j = 1 To 2                  '内循环为列
      k = (i - 1) * 2 + j          '求控件数组下标
      Load Shape1(k)               '添加控件数组对象
      Shape1(k).Top = itop         '设置控件数组对象的位置
      Shape1(k).Left = ileft
      Shape1(k).Visible = True     '让控件数组可视
      ileft = ileft + Shape1(0).Width  '下一个环左边位置
    Next j
    itop = itop + Shape1(0).Height / 2   '下一行环顶端位置
    ileft = Shape1(0).Left + Shape1(0).Width / 2  '下一行环左边位置
  Next i
  Shape1(0).BorderColor = vbBlue   '设环颜色
  Shape1(1).BorderColor = vbBlack
  Shape1(2).BorderColor = vbRed
  Shape1(3).BorderColor = vbYellow
  Shape1(4).BorderColor = vbGreen
  Me.CurrentX = Shape1(3).Left     '设打印坐标
  Me.CurrentY = Shape1(3).Top + Shape1(3).Height + 200
  Me.FontName = "隶书"             '设打印字体
  Me.FontSize = 20                 '设打印字号
  Print "2008 北京"
End Sub
```

5. 解题分析：此程序设计主要围绕着在一个圆环上作圆周运行的点(红点)的坐标位置变化来确定其他控件的坐标位置变动，使用时钟控件触发 Timer 事件产生圆周运动，再通过一个 Slider 滑块控件设置更改时钟控件的 Interval 属性值，可动态地改变曲柄滑块机构的运动速度。连接圆心的半径轴，其圆心坐标不变，位于圆周上端点与连接滑块的长杆端点一同在圆周上作圆周运动，连接滑块的长杆另一端连接着滑块，该端点的垂直坐标不变，由于长杆的长度不变，因此，其水平坐标则随着绕圆心作圆周运动的端点变化而变化，而滑块(红方块)的 Top 属性不变，其 Left 属性则随着长杆连接端端点的水平坐标变化而变化。

操作步骤：

(1) 在 VB 环境中创建工程、窗体，在窗体上添加 1 个框架控件、1 个 Slider 滑块控件、1 个命令按钮控件、4 个形状控件和 11 个线条控件，参考代码 4-48 和代码 4-49 初步调整各控件的相对位置。

    (2) 设置各相关控件的属性，如表 4-30 所示。

    (3) 编写相关控件的事件代码，如代码 4-48 和代码 4-49 所示。

    (4) 按 F5 功能键，运行程序，点击"开始"按钮，调整 Slider 滑块控件，观察运行结果。

表 4-30   各相关控件的属性及其值

控件名称	属 性	属性值	说 明
Form1	Caption	曲柄滑块机构演示	窗体的标题
Frame1	Caption	曲柄滑块机构的演示	
Slider1	Max	100	滑块变化范围最大值
	Min	1	滑块变化范围最小值
	Largechange	10	最大变化值
	Smallchange	5	最小变化值
	Tickfrequency	5	设置滑块滑动显示频率
Shape1	Shape	3	圆环
Shape2	Shape	0	方块
	FillStyle	0	实体填充
	FillColor	vbRed	填充颜色
	BorderColor	vbRde	边框颜色
Shape3	Shape	3	圆环
	Bordercolor	vbRed	边框颜色(圆周上红点)
Shape4	Shape	3	圆环(圆心轴)
Line2	BorderWidth	2	长杆线宽
Timer1	Enabled	False	禁止时钟控件工作

代码 4-48

```
Const pi = 3.1415926
Dim x0!, y0!, t%, n%
Private Sub Form_Load()
    With Shape1              '设置Shape1控件的初始位置坐标
        .Tag = .Width / 2
        x0 = .Left + .Tag
        y0 = .Top + .Tag
    End With
    With Line1               '设置Line1控件的初始位置坐标
        .X1 = x0
        .Y1 = y0 + Shape1.Tag
        .Tag = Sqr((.X1 - .X2) ^ 2 + (.Y1 - .Y2) ^ 2)
    End With
    With Line2               '设置Line2控件的初始位置坐标
        .X1 = x0
        .Y1 = y0 + Shape1.Tag
        .X2 = x0
        .Y2 = y0
    End With
    With Shape3              '设置Shape3控件的初始位置坐标
        .Tag = .Width / 2
        .Top = y0 + Shape1.Tag - .Tag
        .Left = x0 - .Tag
    End With
    With Shape4              '设置Shape4控件的初始位置坐标
        .Tag = .Width / 2
        .Top = y0 - .Tag
        .Left = x0 - .Tag
    End With
    Slider1.Value = 50
    Timer1.Interval = 50
End Sub
```

代码 4-49

```
Private Sub Command1_Click()
    If Command1.Caption = "暂停(&S)" Then
        Command1.Caption = "开始(&B)"
        Timer1.Enabled = False          '关闭时钟控件
    Else
        Command1.Caption = "暂停(&S)"
        Timer1.Enabled = True           '启动时钟控件
    End If
End Sub
'根据Slider1控件滑块移动后的值设置时钟控件的事件触发时间间隔
Private Sub Slider1_Scroll()
    Timer1.Interval = Slider1.Value
End Sub
Private Sub Timer1_Timer()
    n = n + 1
    t = 6 * n
    '求Shape3控件的位置坐标
    Shape3.Left = x0 + Shape1.Tag * Sin(pi * t / 180) - Shape3.Tag
    Shape3.Top = y0 + Shape1.Tag * Cos(pi * t / 180) - Shape3.Tag
    Line1.X1 = Shape3.Left + Shape3.Tag    '确定Line1控件的端点位置坐标
    Line1.Y1 = Shape3.Top + Shape3.Tag
    Line1.X2 = Shape3.Left + Shape3.Tag + Sqr(Line1.Tag ^ 2 - _
               (Shape3.Top + Shape3.Tag - y0) ^ 2)
    Line2.X1 = Line1.X1                     '确定Line2控件的端点位置坐标
    Line2.Y1 = Line1.Y1
    Shape2.Left = Line1.X2                  '确定Shape2控件的位置坐标
End Sub
```

习 题 9

一、选择题

1. A　　2. A　　3. D　　4. A　　5. C　　6. B　　7. B　　8. A

9. D　　10. D

二、填空题

1. ① Open　② Input　③ Output　④ Append　⑤ Random　⑥ Binary　⑦ Random

2. ① Print　② Write

3. ① Get　② Put

4. Pattern

5. FreeFile

6. ① For Input　② Not EOF(1)

7. ① "d:\f1" For Output　② Print #1, I　③ Close #1　④ Line Input #2, x 或 Input #2, x
　　⑤ Form1.Print x

三、程序设计题

1. **解题分析：** 在窗体上分别添加1个驱动器列表框、1个目录列表框和1个文件列表框。可在窗体的 Load 事件中通过设定文件列表框的 pattern 属性以控制在文件列表框中显示的文件类型。可在驱动器列表框的 Change 事件中编写代码，将驱动器控件的 Drive 属性变动传递给目录列表框的 Path 属性，再在目录列表框的 Change 事件中编写代码，将目录列表框控件的 Path 属性变动传递给文件列表框的 Path，这样无论驱动器列表框中内容改变还是目录列表框中内容改变，文件列表框中显示的文件信息都会随之改变。在文件列表框的鼠标双击事件中采用 Shell 方法对选中的可执行文件进行运行。需注意 Shell 方法后所携带的文件名参数是指文件的引用名(包括文件存放的路径和文件名)，如当前路径是磁盘驱动器的根目录，则文件列表框的 Path 属性返回值的末尾有"\"符号，将文件列表框的 Path 属性和 Filename 属性值连接起来就形成文件的引用名，如当前路径是某子目录，则文件列表框的 Path 属性值返回的内容末尾不包括"\"符号，此时，必须要连上一个"\"符号，才能再和 Filename 属性值组合构成文件的引用名。

操作步骤：

(1) 在 VB 环境中创建工程、窗体，在窗体上添加 1 个驱动器列表框、1 个目录列表框和 1 个文件列表框控件。

(2) 设置窗体的标题：Form1.Caption="文件浏览器"。

(3) 编写各相关控件的事件代码，如代码 4-50 所示。

(4) 按 F5 功能键运行程序，通过驱动器列表框、目录列表框控件选定路径为 C:\Windows，在文件列表框中双击 NOTEPAD.EXE 文件，程序运行结果如图 4-37 所示。

代码 4-50

```
Private Sub File1_DblClick()
    '判断文件列表框的Path属性是否是磁盘根目录
    If Right(File1.Path, 1) = "\" Then
        Shell File1.Path + File1.FileName, 1
    Else
        Shell File1.Path + "\" + File1.FileName, 1
    End If
End Sub
Private Sub Form_Load()
    File1.Pattern = "*.exe"      '设置文件列表框中显示文件的类型
    Drive1.Drive = "c:"          '设置驱动器列表框中驱动器盘符
End Sub
Private Sub Dir1_Change()
    '将目录列表框变化的Path属性传递给文件列表框的Path属性
    File1.Path = Dir1.Path
End Sub
Private Sub Drive1_Change()
    '将驱动器列表框变化的Drive属性传递给目录列表框的Path属性
    Dir1.Path = Drive1.Drive
End Sub
```

图 4-37 文件浏览器

2. **解题分析**: 求解此题可通过打开顺序文件的方式(For Input)将文本文件打开，在循环语句中用 Input 函数将文本文件的内容按字符一次读一个字符到一个字符变量中，检测此变量内容是否是字符 "a"，统计循环过程中 "a" 出现的次数，然后采用输入方式(For Output)创建一个新文件，使用 Print 方法将统计结果写入新创建的文件中。也可以采用追加方式(For Append)打开一个已经存在的顺序文件，用 Print 方法将统计结果写入文件末尾。

操作步骤：

(1) 在 VB 环境中创建工程、窗体。

(2) 在窗体的 Click 事件中编写事件代码，如代码 4-51 所示。

(3) 在磁盘上准备好一个符合题目要求的文本文件 data.txt，再按 F5 功能键，运行程序，单击窗体，然后观察在 D 盘根目录上产生的 result.txt 文件的内容。

代码 4-51

```
Option Explicit
Private Sub Form_Click()
  Dim st As String * 1
  Dim n As Integer
  Open ".\data.txt" For Input As #1     '以输入方式打开已准备好的文件
  Do While Not EOF(1)
    st = Input(1, #1)                   '每次读文件1个字符放入变量st中
    If st = "a" Then
      n = n + 1                         '累计出现"a"的次数
    End If
  Loop
  Close #1                              '关闭#1文件
  Open "d:\result.txt" For Output As #2   '以写方式打开文件
  Print #2, n                           '将统计结果放入2号文件中
  Close #2                              '关闭#2文件
End Sub
```

3. **解题分析**: 此题是对一个随机文件进行操作，随机文件的每条记录都是等长，可先根据它的记录结构自定义一个数据类型，再声明此类型的数据变量通过循环语句对打开的随机文件读取文件中的每一条记录，检查所读取的记录中是否出现两门以上课程不及格现象，若有，即刻将此记录通过变量写入已打开的另一文件中，循环结束后，关闭两个打开的文件。

操作步骤：

(1) 在 VB 环境中创建工程、窗体。

(2) 选择"工程/添加模块"菜单项，在工程中添加一个标准模块，在标准模块中编写创建自定义数据类型代码，如代码 4-52 所示。

(3) 在窗体的 Click 事件中编写代码，如代码 4-53 所示。

(4) 在 D 盘根目录上准备好一个符合题目要求的数据文件 Score.dat，按 F5 功能键，运行程序，单击窗体，然后查看 D 盘根目录上生成的文件 Failed.dat 的内容。

代码 4-52

```
Option Explicit
Type Mark                        '定义记录类型Mark
  Num As String * 4      '定义存放学号的数据类型和长度
  Name As String * 8     '定义存放姓名的数据类型和长度
  Chinese As Integer     '定义存放语文成绩的类型
  Math As Integer        '定义存放数学成绩的类型
  English As Integer     '定义存放英语成绩的类型
End Type
```

代码 4-53
```
Option Explicit
Dim fenshu As Mark                      '定义变量fenshu具有Mark类型
Private Sub Form_Click()
   Dim no As Long
   Open "d:\score.dat" For Random As #1 Len = Len(fenshu)
   Open "d:\failed.dat" For Random As #2 Len = Len(fenshu)
   no = LOF(1) / Len(fenshu)          '文件中记录个数
   For i = 1 To no
      Get #1, i, fenshu               '读文件数据
      If fenshu.Chinese < 60 And fenshu.Math < 60 _
         Or fenshu.Chinese < 60 And fenshu.English < 60 _
         Or fenshu.Math < 60 And fenshu.English < 60 Then
         Put #2, , fenshu             '写文件操作
      End If
   Next i
   Close #1
   Close #2
End Sub
```

习　题　10

一、选择题

　1. C　　　2. C　　　3. C　　　4. B　　　5. D

二、填空题

1. 层次、网状、关系

2. 字段名称、字段数据类型、字段属性

3. Connect 属性、DatabaseName 属性、RecordSource 属性

4. 从学生基本信息中查询所有性别字段为男的记录

5. 一对一、一对多、多对多

6. BookMark

7. 被删除记录上

8. RecordCount

三、编程题

请参阅本实验内容。

参 考 文 献

[1] 全国计算机等级考试命题研究组. 全国计算机等级考试教程同步辅导(二级 Visual Basic)[M]. 北京：电子工业出版社，2006.

[2] 刘炳文. Visual Basic 程序设计例题汇编[M]. 北京：清华大学出版社，2006.

[3] 李雁翎. Visual Basic 程序设计题解与实验指导[M]. 北京：清华大学出版社，2005.

[4] 丁学钧. Visual Basic 语言程序设计教程与实验[M]. 北京：清华大学出版社，2005.

[5] 刘炳文. Visual Basic 程序设计习题解答与上机指导[M]. 机械工业出版社，2005.

[6] 尹贵祥. Visual Basic 6.0 程序设计案例教程[M]. 北京：中国铁道出版社，2005.

[7] 郑有增. Visual Basic 程序设计习题解答、实验指导与应试题解[M]. 北京：中国水利水电出版社，2005.

[8] 龚沛曾. Visual Basic 实验指导与测试(第二版)[M]. 北京：高等教育出版社，2004.

[9] 蒋加伏. Visual Basic 程序设计上机指导与习题选解[M]. 北京：北京邮电大学出版社，2004.

[10] 曾强聪. Visual Basic 程序设计与应用开发案例教程[M]. 北京：清华大学出版社，2004.

[11] 刘瑞新. Visual Basic 程序设计教程习题及习题解答[M]. 北京：机械工业出版社，2004.

[12] 周必水. Visual Basic 程序设计实践教程[M]. 北京：科学出版社，2004.

[13] 郁红英. Visual Basic.NET 语句与函数大全[M]. 北京：电子工业出版社，2002.

[14] 网冠科技. Visual Basic 6.0 控件时尚编程百例[M]. 北京：机械工业出版社，2001.